《食安温岭》编辑委员会 编

温岭市食品安全委员会办公室
温岭市市场监督管理局
温岭日报社

序

食品安全，从田间地头到万家餐桌，贯穿着百姓的一日三餐。

习近平总书记多次对食品安全工作做出重要指示。他强调，确保食品安全是民生工程、民心工程，是各级党委、政府义不容辞之责。要牢固树立以人民为中心的发展理念，坚持党政同责、标本兼治，加强统筹协调，加快完善统一权威的监管体制和制度，落实“最严谨的标准、最严格的监管、最严厉的处罚、最严肃的问责”的要求，切实保障人民群众“舌尖上的安全”。

近年来，温岭认真落实“四个最严”的要求，紧盯食品安全热点难点，强化部门协作、坚持重拳打击、大力营造食品安全氛围，特别是在基层监管能力提升、传统食品生产监管提效、餐饮行业整治规范提档等方面取得了突破进展，有力促进食品安全状况持续向好。全市无等级以上食品安全事件发生，群众食品安全满意度稳步提升。2017年12月，温岭作为台州唯一入选的县市，跻身浙江省首批7个食品安全县（市、区）行列。

食品安全，事关人民群众身体健康和生命安全，事关经济发展和社会稳定。温岭市食品安全委员会办公室、温岭市市场监督管理局和温岭日报社联合编写的《食安温岭》一书，以通俗的文字、生动的案例，较为全面、系统地展示了温岭市食品安全委员会各成员单位合力推进食品安全工作的亮点特色，同时以“大事记”的形式记录了温岭十几年来砥砺奋进的工作历程，引导全市人民更好地接受食品安全宣传教育，树立维护食品安全的社会责任感，值得推广普及。

食品安全创建，温岭一直在路上，一刻不放松。希望食品安全监管部门继续着力提高工作效能，依法行政，严格监管执法，当好人民群众健康安全的“守护者”；食品生产经营企业自觉守法经营，恪守道德底线，担当社会责任，从源头上消除隐患，实现源头安全；广大消费者增强食品安全意识，抵制不安全食品，行使自身消费权，监督举报各类违法违规行为，全民参与维护食品安全；新闻媒体加强食品安全科普知识宣传和违法违规行为监督，树立正确的社会导向，形成“人人支持食品安全、人人参与食品安全、人人分享食品安全”的良好氛围。人人共同努力，才会真正建成人人安心的食品安全城市。

是为序。

温岭市人民政府市长
温岭市食品安全委员会主任 王宗旺

2018年8月

安全

食品安全

重于泰山

目录

食安
温岭
SHIAN
WENLING

一、领导关怀与社会关注

浙江省人民政府副省长朱从玖（左二）一行到温岭调研，肯定了温岭水产品追溯体系、基层责任网和食品安全责任保险等工作

时任浙江省食品药品监督管理局局长朱志泉（右三）到温岭市调研基层食安办规范化建设

时任浙江省食品药品监督管理局局长朱志泉（左三）
到温岭市食品药品检验检测中心调研

浙江省食品药品监督管理局副局长陈书来（左二）在温岭调研食品安全工作

国资委国有重点大型企业监事会主席董树奎（左二）一行
到温岭市考察“互联网+阳光餐饮”项目

台州市市场监督管理局局长、台州市食安办主任戴国富（左二）
调研温岭市食品安全工作

台州市食安办专职副主任卢志达（右三）带队调研指导
温岭市基层食安办规范化建设

台州市市场监督管理局党委委员林胜甫（后排右二）
到温岭市督查食品安全工作

温岭市人大常委会组织食品安全专题询问和满意度测评会（2015年度）

温岭市第十五届人大常委会第44次会议专题审议
食品安全工作并开展满意度测评（2016年度）

温岭市政协组织委员召开食品安全对话会

温岭市政协组织食品安全专题调研活动

嘉善县副县长许春红（右三）率该县各镇街道和相关部门食品安全负责人，来温岭考察交流省级食品安全城市创建工作

温州市龙湾区副区长戴旭强（右二）一行，来温岭考察食品安全工作

金华市金东区政府组织相关部门来温岭考察食品安全工作

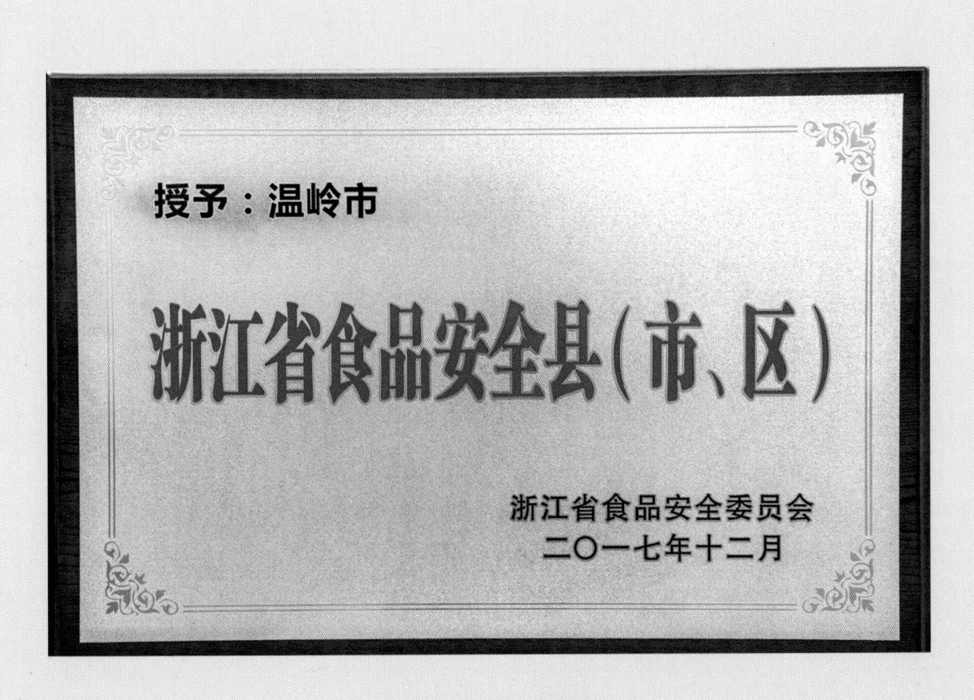

省食安委授予的牌匾

食安
SHIAN
WENLING
温岭

二、食品安全在温岭的实践

温岭凝心聚力
共创省级食品安全城市纪实

食品安全事关人民群众的身体健康，事关社会和谐稳定，也事关食品产业发展和城市的美誉度、信誉度。作为浙江省7个首批省级食品安全城市创建县（市、区）之一，温岭市以“食安温岭”为建设目标，围绕“四个最严”总要求，努力抓好食品安全工作，在基层监管能力、传统食品生产监管、餐饮行业整治规范、食品追溯体系建设等方面取得了突破性进展。目前，温岭市已通过资料审查、“三率一度”测评、暗访检查和现场验收，综合成绩排名居全省前列。全市未发生等级以上食品安全事件，群众对食品安全的满意度稳步提升，全市食品安全形势保持稳定向好态势。

▼ 完善机制　明确责任

完善领导机制。温岭市将食品安全工作纳入市“十三五”总体规划，同步编制出台食品药品安全专项规划。市食品安全委员会由市长任主任，分管副市长任副主任。市政府常务会议每年2次以上专题研究食品安全工作。为加强对创建工作的领导，食安委专门建立了创建领导小组，落实每周一例会、半月一督察、每月一通报的工作，在例会上直接研究解决发现的问题，通过督察进行跟踪问效和督促检查，形成各镇（街道）争先创优的良好局面。同时，借鉴“多城同创”的成功经验，市市场监管局建立局班子成员包干制度，组织分管科室赴分局（所）实行到点指导、对点督察、驻点迎检。创建以来，组织督察30次，编发专刊36期、相关微信155条，通报问题数十条。

完善责任机制。每年年初，市政府与各镇（街道）及相关职能部门签订食品安全监管责任状，明确各地各部门工作职责，将食品安全工作纳入目标责任制考核、领导干部综合考核和平安温岭考核，不断提高考核比重，实行“一票否决”，层层传导压力，层层落实责任。各镇（街道）均专设食安办抓创建，所有村（居）均建立食品安全工作站，聘请镇、村两级专职食品安全协管员1000多人，完善市、镇、村“三级联动”创建机制。

完善宣传机制。充分利用电视、报纸、网络、微信等多种平台，立体式开展食品安全知识宣传。制作真人版、动漫版和方言版3版公益宣传片，在各大媒体，以及机关单位、商贸综合体等公众场所的大屏幕集中播放。组织开展“我为食安温岭代言”“我是食安评委”“我是食安监督员”等系列食品安全体验活动，引导群众主动参与食品安全城市创建工作。同时，将食品安全纳入各中小学校公共安全和健康课程教育内容，并由教育部门对学校开展督导评估。创建以来，累计投入宣传资金100万元，设置大型户外广告牌22块、公交车站广告牌300块，发送短信200余万条，发放宣传画5000份、宣传单50万份，悬挂横幅上千条，发放围裙、购物袋、扇子、笔等群众喜爱的宣传品数万份，营造了铺天盖地的宣传氛围。老百姓食品安全知晓率、科普率、支持率、满意度空前提高。在省食安办“三率一度”测评中，温岭得分居首位。

多措并举　从严管控

防线前移，严把食品安全源头关。结合省级农产品质量安全放心示范市创建工作，扎实推进农业标准化提升工程，筑牢食品安全第一道防线。全面落实“肥药双控”、绿色防控和废旧农药包装物回收，有序推进无公害农产品基地建设及绿色农产品认证，农产品标准化生产率达63.1%。同时，严格落实屠宰场检验检疫制度，保证市肉联厂质量安全管理水平省内领先。实行病死动物无害化处理，“统一收集、集中处理”长效机制，去年以来，处理死亡动物1091.6吨，基本消除病死动物随意丢弃现象。

依托“互联网+”，加快推进全链条监管。一方面利用二维码推进食品溯源体系建设。探索建立覆盖全过程、全领域的食品安全智能系统，在农产品、水产品和食品生产加工单位落实二维码追溯机制，实现“从田间到餐桌”的全链条信息化监管。初级水产品抽查合格率提高至99.2%，小作坊食品追溯率达71%。另一方面实施餐饮业实时监管。在全市大中型以上餐饮单位及学校食堂推进“互联网+明厨亮灶”工程建设，通过高清摄像头实时采集图像资料，不仅在经营场所电子显示屏上亮相，接受社会监督，而且监管人员随时可对厨房进行监控和取证，有效提升了食品安全监管效能。目前，已有447家餐饮单位和学校食堂纳入“互联网+餐饮安全”社会共治平台，学校食堂“阳光厨房”建成率达100%。

重拳出击，大力惩治违法犯罪行为。不断加强行刑衔接，改变以往行政执法部门初步调查定性后再移交公安的执法模式，完善公检法和食品安全监管部门联合侦办机制，案件查办效率大幅提升。如近期处置的“地沟油”系列案件，市场监管、公安、检察院三方全程参与，市场监管局在6小时内取证完毕，2小时内办理案件移送，公安机关在受理后6小时内下达《立案决定书》《刑事拘留通知书》，快速刑拘23人，取保候审1人，查封经营场所9家。2016年以来，累计出动执法人员1.9万人次，检查各类食品生产经营单位2.5万家次，立案查处违法行为232起，其中刑事立案63起，刑拘126人，罚没款553万元，集中解决了一批食品安全领域存在的区域性、系统性风险隐患和突出问题，不断形成食品安全监管高压态势。

全民发动，全力构建共创共管格局。一方面充分发挥协会、社团作用。建立省内首家餐饮食品安全协会，吸纳全市96家大中型餐饮单位，开展餐饮食品安全、诚信经营等方面的交流合作，规范行业行为，全面提高行业管理水平和行业自律能力。建立食品安全金融征信体系，落实食品安全“黑名单”制度，共向社会公布食品安全“黑名单”企业45家，基本形成“一处失信，处处受损”的信用格局。另一方面积极引导群众参与。组织开展“校园后厨大揭秘”“文明消费随手拍”“你点题·我检测”等群众体验活动，邀请社会各界人士，通过面商质询、参与抽检、参加执法、参观检查等形式，充分参与食品安全监督工作。出台食品安全举报奖励办法，鼓励社会各界参与群防群治，助力监管部门拓宽监管信息渠道、搜集案件线索、增强发现和打击违法犯罪的效能。2016年以来，共发放举报奖金18.4万元。

夯实基础　强化保障

加强技术保障。建成以实验室定量检测为龙头，市场、企业自检为基础，部门、镇（街道）快检相配合的食品安全检测体系。2016年以来，实施各类定量检测7766批次。整合农林、海洋渔业等部门检测职能，投入4500万元建成省内县市一流的食品药品检验检测中心，目前该中心食品安全检测项目达609项，完成各类检测2250批次。先后设立32家农贸市场快速检测室，覆盖率达93.75%，其中15家农贸市场完成检测室标准化建设并向社会免费开放。2016年以来，共完成食品定性快检16.23万批次，合格率达99.15%，当场销毁或下架不合格问题食品520公斤。

加大财政投入。市财政每年安排食品安全经费5000万元以上。2016年，全市专项安排食品安全检验检测经费660余万元，农贸市场快检室免费开放和改造提升经费530余万元，食品安全基层责任网运行经费350余万元，切实保障执法办案、风险监测和监督抽检等工作顺利开展。

优化人员配置。2015年，温岭市率先完成了市场监管系统“三合一”机构改革，在全市16个镇（街道）和东部新区全面设立基层市场监管所并完成规范化建设。同时，重点加强基层食安办规范化建设，各镇（街道）政府（办事处）均由主要负责人担任食安委主任，设立食品安全委员会办公室，将全市划分为1397个管理网格，聘任镇级食品安全协管员38名、村级协管员961名，负责食品安全信息收集、上报工作。2016年，共获取食品安全动态信息8280条、排查隐患650个。

▼ 培育产业　提升水平

简政放权促"从无到有"。把食品安全监管与商事登记改革相结合，将食品经营许可证、食品生产经营登记证等的审批权下放给各基层所，并推进"最多跑一次"改革，证照办理时间从过去的20个工作日缩减到7个工作日。目前，全市1.5万多家食品生产经营单位均依法持有有效许可证件并符合生产经营条件。

指导帮扶促"从有到优"。积极推动食品"三小一摊"向规模化、规范化发展：豆制品加工小作坊完成了全面整治；红薯面加工工艺得到改良，彻底解决铝超标问题；小餐饮持证率达95.17%，量化等级公示率达96.81%；建成食品摊贩疏导点2个，吸纳流动摊点171个。"三小一摊"无序状态得到根本性改善。

行业自律促"从优到精"。率先在省内建立餐饮食品安全协会，协会由市内96家大中型餐饮单位负责人组成，大力开展餐饮食品安全、诚信经营方面的交流合作。成立以来，组织培训8次，覆盖1574家餐饮单位，有效增强了餐饮单位的责任意识，提高了管理水平。

（原载2017年8月24日《中国食品安全报》 王正心 记者 连待待）

温岭市政府召开创建省级食品安全城市百日冲刺动员会

温岭市基层食安办规范化建设现场推进会暨半年度工作会议召开

温岭市委书记徐仁标（右四）调研食品安全工作

温岭市委副书记、市长王宗明（左二）
督查东海国际渔需市场建设工作

时任温岭市副市长陈荣世（前排右二）带领相关部门负责人
到文化桥菜市场督查食品安全工作

温岭市市委常委、副市长蓝景芬（左二）向
市食品安全专家委员专家颁发聘书

温岭市市场监督管理局：

打造监管新模式
倾力保障食品安全

从食品生产，到流通，再到消费……近年来，温岭市市场监督管理局以机构整合为契机，坚持“全程联动、问题导向”，构建起一个覆盖全过程的监管体系，并不断探索优化监管模式，全力保障人民群众“舌尖上的安全”，食品安全形势持续向好。通过上下的共同努力，2017年，温岭市成功创建了“浙江省食品安全县（市、区）”，为全省首批7个县（市、区）之一、台州第一。

台州市市场监管系统基层站所规范化创建工作现场会在温岭召开

▼ 监管力量全面整合打造新模式

温岭市市场监管系统通过改革，在全市建立17个分局（所），实现基层派出机构全覆盖

2014年，根据上级部署，温岭市启动了食品安全机构改革，将原来的工商局、食药监局合并，组建了温岭市市场监督管理局（简称市场监管局，下同）。2015年，温岭市进一步健全监管体系，将质监局并入市场监管局，成为台州最快实现“三合一”整合的县（市、区）。

在机构融合过程中，温岭市场监管系统通过体制机制的不断创新变革，努力推进实践“一个部门负全责、一个流程优监管、一支队伍抓执法、一张网格强基层、一个平台管信用、一个窗口办审批、一个体系搞检测、一条热线助维权”的“八位一体”监管体系，有力促进机构体制改革从初步整合向深度融合转变，达到了职能整合、队伍融合、资源聚合的效果，速度和效率远超台州其他地区。

在部门整合的同时，市场监管局还大抓基层网络建设。该局大踏步推行一镇一所建设规划，大刀阔斧打造新格局，按温岭市16个镇（街道）加1个新区的行政区划现状，建立了17个分局（所），打破了按经济区域设9个分局（所）的传统做法，实现基层派出机构全覆盖。同时，科学划分基层市场监管分局（所）事权，将食品安全日常基础性的监管工作下放到基层市场监管分局（所）。通过事权划分，努力克服人员紧张局面，建立层级清晰、责任明确、运行顺畅的食品安全工作运行机制。

另外，市场监管局还充分发挥网格员作用，进一步健全食品安全监管网络。公开招聘录用了一批专职网格化监管人员，制定出台《温岭市食品安全网格化监管人员考核办法》，明确协管员和信息员日常管理制度，调动其工作积极性。目前，全市共有专职协管员40人、村级网格员1094人，2017年共获取食品安全信息11152条、排查隐患987个。

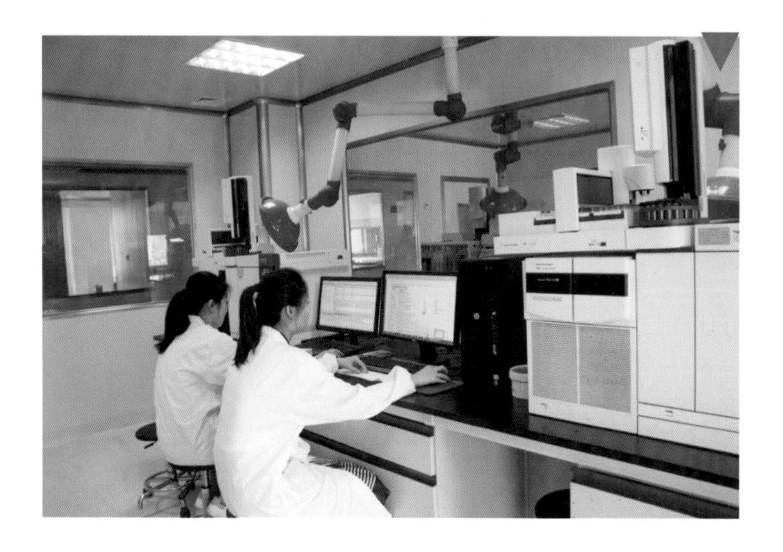

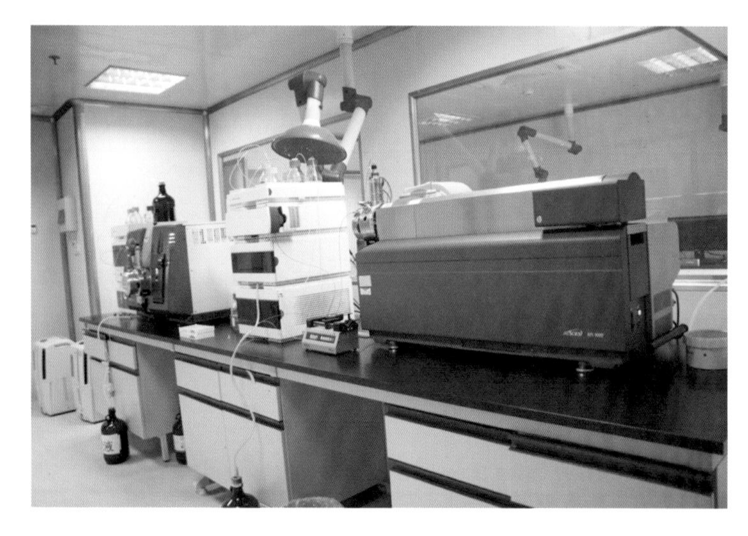

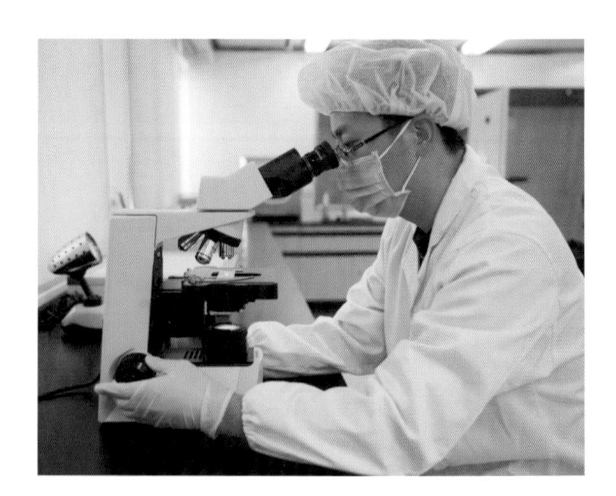

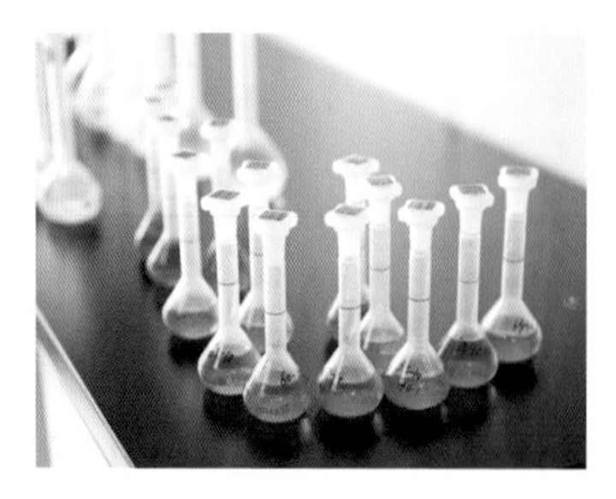

温岭市食品药品检验检测中心

检测能力全面提升达到新水平

对食品进行安全抽检，可及时了解食品中存在的安全隐患，使安全风险降低，并降低不合格食品的危害程度。近年来，市场监管局着力在健全检验检测体系上下功夫，检测点覆盖范围不断扩大，检验检测项目倍增，食品抽检批次递增。

市检验检测中心深化实验室提质扩项工作，有序推进检验检测服务、扩项认证、检测资源整合、信息管理体系建设等工作。在2014年首次认证通过217个项目的基础上，认真梳理相关标准，同时开展参数类项目和产品类项目的扩项认证，先后进行了2次扩项认证。目前，共有认证项目609项，基本满足日常检测需求。同时，采购安装了实验室综合性业务系统，实现对外接样、数据录入、出具报告、数据统计等全程电子化运行，检测批次每年稳步增长。2017年，检测各类样品2323批次，其中配合各执法部门开展的监督性抽检277批次、评价性抽检1351批次，包括16个镇（街道）主要场所食品安全评价性检测1183批次、专项抽检168批次。特别是开辟绿色通道，在积极配合参与公安等执法部门行动中发挥优势，全力提供技术支撑，取得较好的成效。在食品中违法添加罂粟壳行为专项整治行动中，中心工作人员连续3天通宵加班，完成特征指标罂粟碱检测报告44批次，为公安部门执法提供了有力的技术依据。

与群众日常生活更为紧密的农贸市场快速检测室近年来不断涌现，并免费开放。在2016年实现城区农贸市场快检室全覆盖的基础上，2017年，市场监管局又在部分镇主要农贸市场建成8家免费开放快检室。预计2019年底，快速检测室将覆盖全市各镇主要农贸市场，全面提升公众对食品安全的感知度、参与度和满意度。市场监管局还大力推进农贸市场快检室标准化建设，检测项目覆盖常见食品添加剂、非食用物质、农药残留等，有效对接群众需求。

2017年，农贸市场定性检测132158批次，不合格103批次；专项快检腌制品1461批次，不合格5批次；海捕虾1247批次，不合格2批次；销毁下架不合格食品496公斤，有效发挥了市场快检的广泛筛查和实时监测的作用。

温岭市市场监管局执法人员定期进行食品安全抽查

温岭市市场监管局工作人员及食品检测人员快检菜市场蔬菜

▼ 小作坊和无照监管工作开创新局面

薄弱环节就是整改工作重点。近年来，市场监管局坚持问题导向，大抓小作坊、无证照餐饮等薄弱环节，开创工作新局面。

在小作坊监管工作中，市场监管局坚持疏堵结合、打扶并举，全面开展清查建档工作，配合各镇（街道）开展食品小作坊的调查摸底工作，建立健全监管档案；严格规范准入，对全市271家不属“负面清单”的食品生产加工小作坊实行自行申报、登记管理；实施分类管理，对实行登记管理的小作坊，加强其从业人员的培训指导，规范生产经营行为；对食品生产加工列入“负面清单”或不具备基本生产加工条件的46家小作坊进行关停并转。市场监管局积极依托网格，加强基层网格员培训，指导网格员开展日常巡查，掌握小作坊底数，发现无证或未登记的“黑窝点”，及时上报查处，加大日常巡查、执法检查、监督抽查和隐患整治力度。2017年，市场监管局开展了豆制品生产风险防控等各类整治9次，抽查食品生产企业及小作坊456家次，监督抽检350批次，并于5月4日核发温岭市首张食品生产经营登记证。全面启动食品生产加工小作坊示范工程建设，鼓励小作坊通过专业合作、龙头带动、股份联合、区域集中、协会推动等模式进行整合提升，首批8家小作坊已完成整改并通过现场验收。全面落实App追溯系统应用。目前，已有108家小作坊与追溯平台对接，小作坊食品使用率和追溯率均达100%，居台州各县（市、区）之首。

在无证照餐饮监管工作中，市场监管局采取规范提升与整顿治理相结合的方法，积极做好无证照小餐饮监管工作。一方面开展拉网式检查集中整顿，坚决取缔经过整改仍达不到规范要求的小餐饮，2017年，立案查处无证照餐饮经营行为56起，指导633户无证餐饮单位完成改造；另一方面积极引导规范经营，创建省级餐饮示范食堂4家、示范餐馆9家、示范街2条，以示范店为典型，将“明厨亮灶”管理模式向小餐饮店推广，倒逼从业人员提高规范操作意识。

小作坊食品追溯系统

温岭市市场监管局工作人员经常对小作坊开展监督管理工作

市民安心购买小作坊生产的面食类产品

▼ 全面部署系列行动营造新声势

专项整治是食品安全监管的一把利剑。近年来，市场监管局先后部署开展了“亮剑”系列、肉品和水产品“百日会战”、食品安全大整治、餐桌安全治理、食用油“百日严打”、海捕虾滥用保鲜剂整治等行动，营造了工作新声势。

2017年，全市共出动相关执法人员9200人次，开展联合执法检查197次，检查各类食品生产经营单位11165家次，发现并整改隐患713个；查处食品案件252件，罚没款397.34万元；移送公安机关案件43件，刑拘89人，取得了良好的社会效果。其中，走私牛肉案件被判处5800万元罚金创历史新高，注水牛肉案主犯被判处有期徒刑15年，海捕虾滥用添加剂案件首次成功入刑。有效营造了食品领域违法犯罪行为高压严打态势，相关业绩在台州市领先。

温岭市市场监管局经常开展食品安全专项检查

温岭市市场监管局和温岭市海洋与渔业局开展联合执法行动

市民在餐饮店放心消费

▼ 民生工程实施取得新进展

近年来，市场监管局一手紧抓饮食放心工程建设，推进农贸市场软硬件升级、长效管理和业态创新等规范化建设，打造“菜篮子”放心工程，一手紧抓全程质量追溯体系建设，深化流通电子监管平台和餐饮智慧监管工程建设。

2017年，温岭市新创建“放心市场”5家，至今共完成农贸市场改造提升25家。学生饮食放心工程提质扩面，今年新引进品牌超市7家，累计创建省级餐饮安全示范食堂4家、台州市级饮食放心示范学校13家，26所学校引进品牌超市，各学校全面实施食品定点采购制度。全市350家食品经营企业纳入全省统一的平台，每月上报信息5万多条。全市130家大型餐饮企业和学校食堂完成“阳光厨房”建设，重点单位实施率达到52.8%。小作坊登记率实现100%，产品监督抽检合格率达99%以上，追溯率达90%以上。

“阳光厨房”建设，实现远程监控

改造后的城区西门菜场

温岭市区北山菜市场改造前后对比

温岭市市场监管局开展全方位食品安全宣传教育，青少年是接受教育的重点群体之一

突发事件处置能力实现新提升

在机构改革中，市场监管局还开台州各县（市、区）之先河，率先设立应急管理与宣传科，食品安全应急处置能力建设得到有效强化。

为进一步加强食品安全宣传力度，市场监管局以全市争创省级食品安全城市为契机，充分利用信息化手段，与各类型现代媒体强强联手，从线上到线下多重覆盖，从市级到镇、村多级联动，营造全市食品安全宣传全新氛围。在省级食品安全城市创建中，温岭宣传工作到位，经验在全省推广。

市场监管局积极用活各类宣传教育阵地，联合温岭广播电视台组织拍摄了以食品安全为主题的大型公益宣传片，电视台每天4次在黄金时段播出，并发动在各宾馆大堂、餐饮单位、农贸市场大屏幕上进行滚动播放。《温岭日报》以整版专题宣传食品安全工作。还充分利用墙绘、橱窗海报等各类社会宣传平台，营造良好的食品安全宣传氛围。

为了促使公众科学认知食品安全，积极传播食品安全科普知识，市场监管局对注胶蟹、塑料紫菜、棉花肉松等网络谣言进行积极辟谣。精心编写《食品安全手册》，印制常见食物中毒及相应应急处理知识宣传单页50万份，投入各类广场宣传活动之中。此外，还通过各镇协管员、各村网格员进村入户发放宣传单，并摆放在各个基层分局（所）窗口显眼位置，以供来往办事群众领取阅读。比如，在2018年各类广场活动中，累计派发各类手册及宣传单页3万余份，发放印有宣传标语的定制围裙3000件。

市场监管局高度重视新媒体宣传，充分利用新媒体传播优势，专题策划“我为食安温岭代言”“我是食安评委”和“我是食安监督员”等系列活动，精心编制微信宣传图文，2017年以来，累计制作发布食品安全微信300多条，内容涵盖食品安全辟谣、知识科普等。其中，温岭网络大V首次映客直播的校园后厨活动广受好评，通过官方微信公开招募大众评审员，跟随执法人员对公众关注度高的中小学校后厨进行突击检查。每年开展“你点题·我检测”活动，对群众关心的食品开展现场随机抽检，为群众答疑解惑。此类活动既充分发挥了群众参与社会监督的作用，又加压倒逼食品经营者提升自律意识，收到了很好的社会效应。

温岭市市场监管局工作人员在菜市场宣讲食品安全知识

开展网络大V直播校园后厨活动

6

市场监管专版

温岭亮剑系列六大战役

守护舌尖上的安全

市场监督管理局"亮剑"在行动

为孩子支起放心餐桌

聚力共筑食品安全"防火墙"

厨房安全检查查什么？跟着执法人员看一看

全方位开展食安宣传

强化食安共治有了新平台

各镇（街道）召开餐饮从业人员培训会

为进一步促进餐饮食品安全，强化食品安全社会共治体系建设，2017年5月，由市场监管局牵头，全省首家餐饮食品安全协会成立。当天，来自温岭市餐饮业的96家会员代表依法审议通过了《温岭市餐饮食品安全协会章程(草案)》，并选举产生了第一届理事会会长、副会长、秘书长。

温岭市餐饮食品安全协会通过开展餐饮食品安全、诚信经营方面的交流合作，规范行业行为，不断提高行业管理水平及行业自律能力，发挥好政府与企业的桥梁纽带作用，积极推动构建起餐饮食品安全"政府监管、行业自律、企业负责、社会参与"的工作格局，实现餐饮食品安全社会共治。

集体聚餐是农村的传统习惯，但由于服务场所不固定、服务设施简陋、食品安全意识缺乏等原因，农村家宴市场普遍存在发展不平衡、资质不明确、操作不规范等诸多问题，食品安全隐患凸显，易引发食品安全事件。

2017年底，由温岭市餐饮食品安全协会、温岭市餐饮协会、温岭市市场监管局联合起草的《农村家宴厨师服务操作规范》地方标准通过专家评审，为全省首个有关农村家宴管理的地方性标准。

该标准对农村家宴服务承办者的资质要求、素质要求、操作要求都做出了明确的规定，具体到家宴接单、前期准备、申报备案等7大服务内容，掌握信息、制定菜单、确认订单等21项服务程序，具有较强的可操作性。标准的实施将引导农村家宴承办者按照规范要求操作，提升农村家宴服务质量和服务水平，实现标准化、制度化和规范化，降低食品安全事故风险。（陈　潜）

温岭市《农村家宴厨师服务操作规范》地方标准评审会

农村家宴纳入管理范围

温岭有着丰富的农渔产品，
市民桌面上的菜品琳琅满目

温岭市农业林业局：

实现源头管理
抓好农产品质量

"小龙虾有毒吗？""空心番茄是不是打了激素？""紫菜是塑料做的吗？"近年来，食品安全谣言层出不穷，其中农产品质量安全问题一直是媒体报道的热点，也成为社会公众关注的焦点。

农产品质量安全是一项重大的民生工程。习近平总书记指出，"食品安全涉及的环节和因素很多，但源头在农产品，基础在农业。农产品生产是第一车间，源头安全了，才能保证后面环节安全。抓食品安全，必须正本清源，首先把农产品质量抓好。"

温岭市农业林业局紧紧围绕浙江省和台州市的统一部署，狠抓农产品质量安全，做到让市民吃得放心、吃得安心，成绩亮眼。

温岭市农业林业局

温岭是个农业大市

温岭市农业林业局技术人员深入基层开展农产品质量安全指导工作

实施有效的农产品质量安全管理，让市民放心食用

▼ 剑指安全突出问题和薄弱环节

在安全隐患治理上，围绕农产品质量安全突出问题和薄弱环节，以农兽药隐性添加、高毒禁限用农药违规使用、抗生素滥用、非法使用“瘦肉精”等有毒有害物质为重点，市农林局组织开展肉品安全专项整治“百日会战”行动、农产品质量安全专项整治行动，坚持检打联动、打防结合和集中整治与日常监管结合。

在巡查检查上，市农林局各有关科室站对生产经营主体进行定期、不定期巡查检查，重点检查产地环境、生产记录、农业投入品使用管理和标志使用等情况，2017年共出动人员1500人次，检查农产品生产企业、农资经营店等1800余家次。

开展农产品质量安全检测，是省政府和台州市政府确定的十方面民生实事之一，受到社会各界广泛关注。

市农林局加强农产品质量安全检测和隐患排查，提高检测频率，扩大检测覆盖面，健全“检打联动”机制，2017年共完成监督（例行）、专项抽检和市级送检745批次，合格741批次，合格率达99.5%，定性检测4965批次。同时，加强生猪养殖和屠宰环节的“瘦肉精”检测，肉联厂按5%比例对进场生猪进行“瘦肉精”自检，2017年抽检生猪“瘦肉精”尿样20044份，全部合格；各动物卫生监督分所每月抽检养殖环节样品25批次以上，派驻屠宰场检疫组每月监督抽检屠宰环节样品200批次以上，共检测“瘦肉精”6011批次，合格率为100%。

在宣传上，市农林局农产品质量安全监管工作领导小组成员单位根据各自职责，对镇（街道）监管员（检测员）、农业企业负责人、专业合作社负责人和专业大户开展农产品质量安全知识和农业生产技术培训；组织召开水果、蔬菜、水稻技术培训会及农资监管工作会议等会议10次，参加人员包括市镇（街道）两级农产品质量安全监管员（检测员）、农资经营企业负责人、农业生产经营企业负责人、农民专业合作社负责人、家庭农场负责人和专业大户共1500余人次，发放资料2600份、27种标准化模式图1500份，签订各类安全承诺书共1200份。

此外，还推行食用农产品合格证制度，构建食用农产品可追溯体系。到目前为止，全市已有2000多家生产主体信息输入浙江省农产品质量安全追溯平台信息库，食用农产品生产主体全都进入省农产品质量安全合格证管理系统。

检测人员对腌菜进行食品安全抽查

建立农产品可追溯体系，确保食品质量

温岭市动物卫生监督所城区分所

检测人员对肉类食品进行食品安全检测

温岭市动物无害化处理中心

▼ 严格生猪屠宰管理，保障猪肉质量安全

生猪集中屠宰，确保质量安全

究竟什么是私屠滥宰？对于这个概念，一些市民可能并不清楚。

私屠滥宰是指违反国家规定，私设生猪屠宰厂（场），从事生猪屠宰、销售等经营活动，其猪肉产品危害人民群众食肉安全和身体健康的行为。《生猪屠宰管理条例》第二条第二款明确规定："未经定点，任何单位和个人不得从事生猪屠宰活动。"

私屠滥宰的猪肉被端上老百姓的餐桌，会带来什么样的危害？

市屠宰执法大队大队长瞿高平说，因为没有经过严格的检验检疫程序，其生猪产品可能携带病毒、细菌、寄生虫、非法添加的违禁物质等，仅凭肉眼根本无法发现，消费者食用之后，就有可能发生慢性、急性中毒或感染传染性疾病。"有些私屠滥宰点为非法获取暴利，收购病死猪，将病死的生猪产品或者不合格生猪产品供应市场，严重威胁肉品质量安全，严重危害人民群众身体健康。"

为进一步加强生猪屠宰行业监管，切实解决生猪屠宰领域存在的突出问题，保障猪肉产品质量安全，市屠宰执法大队保持高压态势，严厉打击私屠滥宰、屠宰病死猪、注水或注入其他物质等违法行为，保护消费者"舌尖上的安全"。

加强对定点屠宰企业的监管，保证肉食品安全，是市屠宰执法大队的重要监管工作之一。每个月巡查两次以上，继续加强检验检疫人员素质教育和提升检验检疫设备配置，确保全方位合格标准。同时，更新和改造屠宰设备设施，提高肉食品品质；加强无害化设备、监控设备的改造和更换，对不合格产品进行无害化处理，确保出厂生猪产品合格率达到100%。

在打击私屠滥宰方面，生猪屠宰联合稽查队作为"主力军"，加强巡查力度和对举报案件的查处力度，对违法案件及时立案调查和处罚；对违法行为达到移送标准的，一律移送当地公安部门。2017年，市屠宰执法大队共开展联合执法101次，捣毁私屠滥宰窝点2个，立案2起，均移送公安，刑拘3人，查扣生猪及生猪产品1717公斤。

温岭市全面建立死亡动物"统一收集、集中处理"机制，实行死亡动物"户收集、镇运送、市处理"模式。温岭市动物无害化处理中心总投资3400万元，日处理能力5吨。自2015年7月开始运行以来，情况良好，2017年无害化处理死亡动物共703.46吨，基本实现了病死动物及产品无害化处理率100%。这项工作走在全省前列。

市民在菜场放心购买猪肉

▼ 强化对农业投入品经营使用环节监管

依据农业法律法规的规定，市农林局负责对全市种子、畜禽、农药、兽药、肥料、饲料和饲料添加、动物疫苗等各项农资的执法监管工作，主管并牵头全市的农资打假、协调、组织工作……近年来，市农林局紧紧围绕农产品质量安全、农业生产安全、农民权益保护，在整治农资市场、保障农产品质量安全等工作中发挥着重要作用。

按照省农业厅和台州市农业局“绿剑”系列集中执法行动的部署，市农林局突出重点商品、重点区域、重点主体、重点违法行为，多措并举，查找案源。以农产品质量安全执法为主题，针对重点时段、重点区域、重点产品，加强农产品质量安全执法，强化行政执法与刑事司法的衔接，严厉打击农资经营领域和农产品质量安全领域的违法违规行为。2017年，共查处违法案件29起，收缴罚没款8.45万元，其中农产品质量安全案件1起，已移送公安。

自实行高毒限用农药凭证实名购买以来，全市高毒限用农药销量大幅减少，极大地降低了农产品质量安全风险，但仍然存在一些隐患。为此，市农林局做好源头管控，进一步完善了高毒限用农药品种进退管理制度，对高毒限用农药进行分类管理：对甲拌磷、甲基异柳磷、涕灭威等14种高毒限用农药以及规格为40毫升（克）/袋（瓶）以下的毒死蜱农药，实行退市管理；对水胺硫磷、氧乐果（氧化乐果）等高毒农药实行定点经营，凭村（居）和有关单位证明实名销售；对毒死蜱、三唑磷、乙酰甲胺磷等限用农药，实行凭村（居）和有关单位证明或个人身份证等有效证件实名销售。

温岭是农资监管与服务信息化系统建设的第一批试点之一，市农林局还把提升用户的系统使用率作为当前的一项重点工作。在市农业行政执法大队的积极指导和监督下，农资信息化使用情况有了进一步提升。经过4年建设，我市农资经营户已配备农资商品信息化系统的达到42家，使用率为70.58%，位列全省第八。

此外，“农药减量控害增效工程”实施面积逐年增加，实施面积达31.2万亩，绿色防控推广应用面积达2.1万亩，农药使用量比2016年减少7.18吨；结合农业转型升级和“两区”建设，农作物病虫害统防统治面积达15.6万亩。同时，积极开展有机替代和配方施肥工作，2017年推广测土配方施肥达60.02万亩，推广商品有机肥9030吨、配方肥5000吨，实现减少化肥施用量393吨。11个镇（街道）建立了19个农业生产“肥药双控”示范区，面积达5782亩，安装太阳能杀虫灯258盏，投放应用性诱剂8000个和色板10.1万张。全市“肥药双控”实施面积达44.9万亩。（*颜婷婷*）

温岭市农业林业局开展污染土壤修复

温岭市海洋与渔业局：

“刚柔”相济 严把水产品质量安全关

温岭是渔业大市，拥有2303艘渔船、2.12万专业捕捞渔民、8.85万渔业人口，水产品产量、渔业产值等主要指标常年位居全省乃至全国前列，是远近闻名的“虾仁王国”“中国海虾之乡”。

近年来，多地频发的食品安全事故严重影响到人们的日常生活，其中也不乏水产食品问题。为保障人民群众食品消费安全，提高水产品质量安全水平，温岭市海洋与渔业局按照温岭市委、市政府和温岭市食安委的工作部署，结合自身职能，持续推进产业升级，完善监管检测体系，严格查处违法行为，全市初级水产品质量安全监管工作不断加强。

温岭市海洋与渔业局

▼ 加大执法力度，开展专项整治

以高密度养殖品种和海捕虾等为重点，以水产养殖场和拖虾船为重点对象，以松门、石塘等沿海镇为重点区域，温岭市海洋与渔业局近年来组织开展了水产养殖用药和海捕虾保鲜剂专项整治工作。

以海捕虾保鲜剂专项整治为例。为保证海捕虾的质量，温岭当地渔民历来有添加“虾粉”（指食品添加剂级的焦亚硫酸钠）延长海虾保质期的习惯。然而，随着人们对水产品质量安全的重视，干撒过量固体“虾粉”的行为若被查获，将不单单是罚款了事，也有可能会被认定为涉嫌生产、销售不符合安全标准的食品罪，移送公安处理。

2018年3月至4月，因“超限量滥用食品添加剂虾粉”，温岭船老大蔡某、水手王某均以生产、销售不符合安全标准的食品罪获刑。其中，蔡某被判处拘役5个月、罚金4000元，王某被判处拘役3个月、罚金2000元。

事情的缘由是，2017年10月17日，蔡某驾驶渔船出海进行捕虾作业，到10月19日，共捕获150公斤左右海虾。捕到虾并清洗之后，为了防臭，蔡某让水手王某把“虾粉”撒到虾上面，再放进船上的冷藏仓库。10月20日，蔡某把船开回石塘桂岙港，温岭市海洋与渔业局的执法人员进行检查时，发现蔡某船上的海捕虾异常鲜亮，当场随机抽取了3份样品。后经鉴定，样品中的二氧化硫含量已经超标5倍以上，依照规定，属于“超限量滥用食品添加剂”。

2018年1月3日，蔡某和王某到石塘派出所投案自首。蔡某说，他知道“虾粉”不能超标使用，但平时他们都是凭经验撒的，没有正规操作，也不知道自己的用量有没有超标。

仅在2017年，温岭市对渔船滥用保鲜剂实施行政处罚2起，移送司法机关处理3起。2018年，将强化海捕虾保鲜剂的专项整治工作，推广一线渔船冷冻冷藏和烘干保鲜技术。目前已在5条渔船上开展冷冻冷藏保鲜试点，10条渔船上开展烘干试点，以创建出口海捕水产品质量安全示范区为契机，进一步加强海捕虾质量安全监管力度。

温岭市水产品质量安全监管平台

温岭市海洋与渔业局组织拖虾渔民参观考察海捕虾冷冻保鲜技术

温岭市海洋与渔业局检查海产品市场食品安全

▼ 推进健康养殖，狠抓监督抽检

世界卫生组织认为渔药残留将是今后食品安全最严重的问题之一。我市水产养殖产业较为发达，在水产养殖中为了防治水产动物疾病，提高饲料转换率，经常会使用渔药。如何实现健康养殖、提升养殖水产品质量，也成了温岭市海洋与渔业局严把“舌尖安全”关的一个重要环节。

近年来，市海洋与渔业局持续开展水产健康养殖示范场创建活动，加快推进水产品无公害产地和产品一体化认证进度，全市已有12家农业部健康养殖示范场，无公害基地27个、无公害水产品35种，省级渔业主导产业示范区3个、省级渔业特色精品园12个。

同时，该局进一步提高渔业科技创新与技术推广服务能力，市、镇两级已建立起较完善的渔业推广责任制度。2018年，该局将结合中央环保督查反馈水产养殖问题整改工作，通过建设养殖尾水处理设施、清理违规养殖等，推广生态养殖模式，促进全市水产养殖整体转型升级，带动水产品质量的全面提升，计划12月底前完成乐清湾（温岭）区域60%以上养殖场尾水治理工作。

与此同时，全市还加快构建水产品质量安全监测监管体系，16个镇（街道）配备了水产品安全快速检测仪器设备，设立水生动物疫病防治测报点13个，建立集约化养殖尾水排放试点1个。不断加快养殖证发放和禁养区、规划外养殖清理工作，在2018年完成无争议浅海滩涂养殖证发放和禁养区、规划外养殖的清理工作。

加强对全市主要陆源入海口和重点养殖区以及渔港海水水质的定期抽样监测和赤潮应急监测工作，设立近岸海域趋势性监测点12个、重点排污口（排涝口）3个、排污排涝临近海域21个、重点养殖区监测点27个，2017年发布赤潮监测通告9期。按时完成部级、省级下达的水产品监督抽查任务，2017年组织部、省、市监督抽检样品232批次，合格率为100%。2018年，将建设一批初级水产品生产主体追溯试点，并计划抽检样品400批次以上。

温岭市海洋与渔业局领导检查水产养殖情况

温岭市广泛开展水产养殖示范场建设

养殖户定期清理养殖塘

▼ 注重宣传培训，提高安全意识

初级水产品质量安全应从源头抓起。渔民、养殖户作为初级水产品质量安全的主要参与者，也是抓好这项工作的关键所在。于是，对渔民、养殖户进行科普教育被摆上了重要位置。

以添加“虾粉”为例，对于部分渔民在海捕虾中过量添加“虾粉”的不法行为，个别渔民可能出于纯粹的利益目的，但更多的渔民还是缺乏科学常识，不知道哪种情况是过量添加，“虾粉”过量添加会有哪些不良后果。

为此，市海洋与渔业局多年来经常举办水产健康养殖技术、科学用药等知识培训，为广大渔民、养殖户答疑解难，并通过“以案说法”进行警示教育，制止渔民、养殖户违法行为，把好“舌尖安全”第一道关。仅在2017年，该局共组织举办各类培训班8期，受训1400多人次。

与此同时，市海洋与渔业局还利用各种渠道和宣传媒介进行广泛宣传。2017年“两会”“双节”期间，通过农民信箱、渔信通等平台，密集地向渔业村、公司、渔船发送加强海捕水产品质量安全管理的各类短信4000多条。3月13日，组织工作人员在东辉公园参加了由温岭市消保委、市市场监管局牵头组织的“3·15国际消费者权益日”宣传活动。活动中，发放初级水产品安全知识宣传单，水产品质量安全相关法律法规手册和伏季休渔期幼鱼保护环保宣传袋、宣传扇等材料，并现场进行讲解答疑，引导广大消费者正确识别和选购安全合规的水产品。此次共发放了各类宣传单700份、水产品质量安全相关法律法规手册400本、环保宣传袋和宣传扇400份。

在每年进行定向培训的基础上，伏休期间，市海洋与渔业局组织渔业村（公司）负责人、渔船老大召开专题培训会，邀请行业专家开展海捕虾质量安全、法律法规、保鲜技术等专题培训。继续加大对加工企业、市场摊点的宣传教育力度，严把准入关。通过大张旗鼓的宣传教育，全力营造全方位、广覆盖、零死角的监管格局，确保渔民、养殖户的质量安全意识实现明显提升。（陈祥胜）

富有温岭地方特色的海产品

温岭市综合行政执法局：

严管+疏导
流动摊贩不见了

城管和小贩的故事，有温岭的版本。这个版本比较温馨与和谐。

目前在温岭城区，已经很少能看到流动摊贩了，也很少能看到城管清除流动摊贩的场景了。然而，几年前并不是这样的情况。例如，市区太平街道的购物中心周边及城东街道时代广场的周边流动摊贩林立，不管城管怎么打击，这些流动摊贩依然存在。

那么，流动摊贩哪里去了？又是如何做到有效管控呢？

温岭市综合行政执法局

▼ 引入新加坡模式管理，“小吃街”不再乱糟糟

位于城区东辉北路和万昌路交界处的市购物中心，为市区较繁华的商圈。繁华使得流动摊点诞生，最多的时候周边共有100家到150家流动摊点，其中小吃摊点占了近百家，多在购物中心南门外经营，形成了有名的“小吃街”。

购物中心南门外应为消防通道，却被流动摊点堵死。而不少摊点携有煤气瓶、锅炉等危险器具，一旦发生火灾，不仅购物中心内外人员难以撤离，消防车也无法及时到达火场。流动摊贩长期占道，乱排油烟、污水，乱扔一次性筷子、纸巾以及一些吃剩的食物，每天摊点撤去，垃圾油污满地，一片狼藉，严重影响城市的整体形象。此外，购物中心南门外为居民住宅，摊贩产生的油烟、恶臭、噪音使得周边居民苦不堪言，因此此类投诉的数量也居高不下。

自“小吃街”诞生以来，流动摊主与城管的“战争”就一直没有停止。由于流动摊贩利润极高，又符合部分群众需求，光靠打击整治手段难以实现长效化的管理。怎样才能妥善有效的管理，成了摆在城管人面前的一道难题。2013年，市综合行政执法局参照新加坡摊贩中心管理模式，开始探索流动摊点社会化管理之路。

温岭市综合行政执法局相关负责人说，流动摊点社会化管理是创新社会管理在城市管理领域的重要实践，具体到购物中心“小吃街”，就是有条件地允许流动摊点的存在，在保证消防安全、食品安全和市容整洁的前提下，引入企业化管理，使管理主体从政府部门向社会中介转变，实现社会中介组织对流动摊点的有效管理。

2013年6月25日，“一窗受理、联合审查、并联审批”的运行机制正式确定，具体做法就是，由市行政执法局行政许可窗口统一受理，市行政执法局、市食品药品监督管理局、市工商局联合审查后，发放食品摊贩占道许可证和食品摊贩备案表。

当年7月1日，市综合行政执法局联合有关部门和摊贩代表召开购物中心周边摊位规范化整合民主恳谈会。

之后，相关职能部门多次召开内部讨论会设计方案，最终确定购物中心临时摊位疏导点共设置50个摊位，具体为烧烤区19摊，面点、干货区23摊，水果、奶茶区8摊。公开面向社会招租，按照原摊点经营户、低保户、常住人口均衡设置租户主体。

2013年9月16日，购物中心区块污水改造工程全面启动。

2013年12月，购物中心疏导点社会化管理主体正式对外招标，浙江实创物业服务有限公司中标。

2014年1月9日，在市体育馆，对购物中心周边的50个临时摊位进行正式招租抽签，最终，原经营户30户、太平街道低保户2户、常住户口18户中签并成功选摊。

2014年1月中旬，购物中心“小吃街”重新对外营业，市综合行政执法局加强了对购物中心外围流动摊贩的整治，派专人定岗巡查，使外围流动摊点数量锐减90%以上，保障了疏导点租户利益。中标的物业服务公司组建了一支15人的队伍，全面负责疏导点的安全、卫生和秩序管理。

相关职能部门在审查合格的基础上，对入驻摊点统一做出行政许可，进行备案，实现从“无证照”向“有证照”转变。另一方面，入驻流动摊点维护环境和守法意识大幅提高。

就这样，“小吃街”开始旧貌换新颜，污水、油烟乱排放，消防通道堵塞，环境污染等问题逐步得到解决。

2017年1月13日，购物中心疏导点摊位在太平街道南屏小区举行第二次招投标，本期摊位经营时间为2016年—2019年。

2017年2月13日—3月12日，购物中心进行为期一个月的整改提升。整改内容包括油烟排放、摊位改造、地面硬化、污水排放、垃圾处置和休闲设施等。摊位改造时，对原摊位保留部位进行面层清理及重新刷漆，再按照规划图纸对摊位进行现代化风格的外部改造。按照食品安全工作要求，各摊位增设纱窗、纱门、防蝇防蚊设施，并各分设两个窗口，实行钱货分离。

整改提升后的疏导点更加干净整洁，成了城区一道靓丽的风景线。

试点推广，从“直接管理”到“间接管理”

在购物中心疏导点的基础上，市综合行政执法局又在城东街道时代广场设置了疏导点。

2009年，时代广场的超市和商场开业，就有零星的流动摊贩在此摆摊。2012年，摊贩的数量开始增多。2013年，摊贩达到了100多个，2014年发展到200多个，有卖吃的，有卖衣服百货的，还有人在广场上设立游乐设施。特别是晚上，从广场到商业街，全是密密麻麻的摊点。

这些流动摊存在几大问题：一是环境卫生，许多摊贩收摊之后，垃圾满地，一片狼藉，尤其是烧烤、小吃摊点，留下的油渍既影响美观又容易让人滑倒；二是噪声扰民，经营中到处是喇叭声与叫卖声；三是摊贩因为争抢地段而发生争执甚至打架行为，存在治安隐患。

2013年，市综合行政执法局开展了持续2个月的突击行动。2014年，该局联合其他部门，开展突击行动10多次。但突击之后，小贩们又开始摆摊了，整治的效果不明显。

既然取缔不了，那就疏导管理。2014年初，市行政执法局联合城东街道、公安、工商等有关部门与摊贩、周边居民座谈，正式提出“设立疏导点”的设想。

通过实地勘察，确定疏导点分为两个部分：一是小吃、水果类，放在时代广场的西南侧，共4排41个摊位；二是服装、百货类，设在商业街两座天桥之间，共2排96个摊位。

其中，小吃、水果类的每个摊位都设置拉膜亭，长宽均为2米，配有自来水管道和排污排烟设施。除了摊位，该区还设有休闲区，摆了10张桌子供客人使用。服装、百货类的设施稍微简些，只用铁架搭了棚，每个摊位长宽均为2.5米。

2015年3月2日和3月3日，这些摊位公开招标。3月9日开始，中标经营户正式开始营业。此后，执法人员严厉打击乱摆摊行为，并清除广场上的游乐设施。

商贩孙雷是卖小吃的，2012年开始摆摊，他说，以前的经营并不规范，有了正规的摊位，心里踏实多了。

疏导点的摊位实施有偿经营和公司化运作，小吃、水果类的年租金平均为1.7万元，服装、百货类的年租金平均为3800元。这些摊点由台州某物业管理有限公司集中管理。

商贩和该物业管理公司签订租赁合同，并缴纳一定的保证金。合同规定，商贩不得使用高音喇叭和音响，做好整洁卫生工作，不能超出摊位经营，不得使用煤气瓶等。物业管理有限公司安排10多人负责保洁和日常管理工作。如果商贩违规，将扣除一定的保证金甚至取消经营资格。

此外，各摊位的营业时间也有规定，小吃、水果类营业时间为中午12时到晚上10时，服装、百货类的开业时间不限，结束时间为晚上10时。

在流动摊贩管理上，市综合行政执法局不断创新管理措施，变“粗放”为“精细”。除了采取多元化联动管理，还在购物中心、城东商业街由中标企业组建一支15人的管理、环卫人员队伍。除全面履行疏导点的安全、卫生和秩序管理等义务，市综合行政执法局还在文化路、钟楼路、农贸市场等疏导点采取多部门联合管理模式，建立城管执法、市场监管、街道管理等多部门联动管理机制。在市一院老院区、锦园小区南门等疏导点采取重点单位联动管理机制，结合“门前三包”工作，发挥门前秩序管理员队伍作用。

疏导点内部推行省内首创的市容A，B，C，D动态分类管理，由市行政执法局设立标准，通过物业公司每天对摊位的卫生情况、消防情况以及摊主是否诚信经营等多方面进行常规检查，实施“周评分、月分类、季考核”，凡是被评为D类的摊位，租期满后将被收回摊点临时占道经营权，并列入黑名单，实现从“直接管理”到“间接管理”的转变。

温岭市综合行政执法局联合有关部门和摊贩代表
召开购物中心周边摊位规范整合民主恳谈会

温岭市综合行政执法局组织购物中心临时疏导点摊位抽签

整治后的购物中心周边摊点

温岭市综合行政执法局在街头整治流动摊贩

温岭市环综委、温岭市综合行政执法局、太平街道、温岭市市场监管局等部门
对购物中心疏导点进行年终“大考”

改造前的时代广场商业街夜市

改造后的时代广场商业街疏导点

▼ 城市管控，实现全天候、立体化

食品安全事关民生、事关安全，市综合执法局作为流动摊贩食品安全监管的职能部门，紧紧围绕省级食品安全城市的创建工作，积极履职，主动作为，全力抓好食品安全工作，一手抓疏导，一手抓严管。

市综合行政执法局相关负责人介绍，他们实行执法网格化日常管理机制，全面落实片长街长负责制，提高一线执法队员“见勤率”和市容“管控率”，建设全天候、立体化城市管理管控体系，实现白天与夜晚、工作日与节假日、日常与应急等管理无缝对接，确保流动摊贩食品安全问题及时发现、及时处置、及时解决，实现主城区主次干道、重要节点无流动摊点，无占道经营，无马路市场。

市综合行政执法局创新微信工作法，完善“一线一网一平台”智慧城管监督指挥体系，实现“多头采集、一口处置，上下联动、监督有力”的城市管理新模式；进一步规范食品安全执法，特别是加大对学校周边的整治力度，规范小餐饮经营，取缔无证饮食流动摊贩；加强“两联两自两治”建设，落实“门前三包”制度，积极探索行政执法与公安、市场监管、教育、环保、卫生、通讯运营商等职能部门的联勤工作，对学校、医院、农贸市场等城市重要节点单位周边市容环境秩序实行联管，联合开展小餐饮、小作坊等“六小”行业专项整治。

2017年，市综合行政执法局共清理食品摊贩132家，立案12起，罚款12180元。重点开展城市饮食业排污专项整治，流动摊点、占道经营及餐饮业乱排污与校园周边食品安全专项整治等。对主城区20个马路市场以“路巡+定岗”的模式进行长效管理，对各类占道经营、跨门经营的工具进行统一扣押，巩固提升整治效果。（赵　云）

多部门开展校园周边食品安全联合整治

温岭市教育局：

多措并举
守护孩子们“舌尖安全”

餐桌无小事，孩子们“舌尖上的安全”牵动着社会各界人士的心。保证校园食品安全，筑牢“防火墙”，安全责任重于泰山。作为主管部门之一，温岭市教育局在保障校园食品安全上采取“零容忍”态度，强化卫生管理，健全管理链条，坚决消灭校园食品安全隐患，让孩子们吃得放心。

温岭市教育局大楼

▼ 大宗物品统一配送，安全从源头抓起

学校食品安全一直备受社会各界高度关注。

2015年12月下旬，市人大常委会召开食品安全专题询问会，对6个食安委主要部门进行满意度测评。会上，代表对学校食堂食品质量、安全监管等问题提出质询。有人大代表提出，学校食堂定点采购存在供应商数量多、规模小、良莠不齐等现象。

“当时的采购供应商大概有350家。”市教育局相关工作人员介绍，这么多的供应商，不但在监管上比较困难，而且存在不小的安全隐患。

质询会上，市教育局局长周志云当场表态，2016年将改革学校食堂的采购制度，彻底改变供应商“多、小、散”的状况。

改革势在必行。

2016年3月，市教育局分区域召开有关食堂食品采购工作座谈会，并走访、听取人大代表、政协委员及周边县市学校食堂食品配送人员的经验和建议。

2016年5月，市教育局、市食安委、市市场监管局联合组织人员对太平、泽国、松门等地的26家食品供应商进行实地考察，并起草具体招标办法。

最终，确定粮油、生鲜猪肉、冷冻禽肉及其制品、豆制品、蛋、蔬菜六大类食品为统一配送，首次通过公开招标录取87家供应商。

“这样一来，供应商的数量减少了，而且通过招投标录取的供应商都是比较规范的，我们对他们也逐步加深了了解。”相关工作人员介绍，这不仅让食品安全更加有保障，也利于有关部门更好地实行监管。

当然，对供应商的监管不能放松。

市教育局不时举行校食品配送供应商会议，组织供应商学习食品安全相关法律法规。“进货怎么进，台账怎么做，食品如何溯源，都是供应商在培训中需要学习的。”工作人员介绍。

与此同时，市教育局还联合市场监管等部门，对供应商的产品实行不定期抽检，抽检内容包括管理制度、农药残留等。“抽检的标准十分严格，一旦被发现如农残超标等情况，将取消供应商资格。”

2017年，通过公开招投标新增质优企业17家，同时严格实行退出机制，淘汰1家出售农药残留超标食品的配送企业，发放整改通知书8份。

学校厨房仓库食材分类摆放

学校学生就餐环境卫生整洁、规范有序

▼ 推广“明厨亮灶”，把安全放在阳光下

市教育局安管科工作人员江帆坐在办公室里，只需打开电脑里的一个软件，各所学校里的食堂工作情况就直接显示在了屏幕上。

“这是我市正在实行的‘明厨亮灶’工程。”江帆介绍，在学校食堂工作间安装摄像头，就可以对里面的情况进行全天候的监控，想要了解工作人员操作是否规范、流程是否严谨，只需打开电脑就一目了然。

有员工在操作中没有戴帽子，没有按照流程操作就进入备菜间，这些问题一旦在监控中被发现，市教育局工作人员便会马上联系学校落实整改。

目前，在全市所有公办学校实施“明厨亮灶”工程之后，民办学校也逐步推行，这样一来，将更有效地提高学校食品安全的管控水平。

有监管，就要有提升。2018年5月19日，市教育局与市市场监管局联合开展全市学校食品安全管理员继续教育培训，370余位学校（幼儿园）食品安全管理员参加了学习，课程内容包括食品安全监管与智慧监管平台、食品原辅料索证索票及农产品质量、4D食品安全现场管理体系等。

“这样的培训每年都会举行。”相关工作人员介绍，大到法律法规，小到每一位从业人员的个人卫生情况，都会在培训中涉及。

除了软件的提升，硬件的支撑也必不可少。不少学校食堂因种种条件限制，环境较差，设备也难以跟上。因此，加大资金投入，加快硬件建设，多措并举补短板，提升薄弱学校食堂食品安全，是教育局每年的重点工作之一。

2016年，市教育局拨出150万元资金用于坞根镇幼儿园等10所偏远、偏小学校（幼儿园）的食堂换证整改和升级改造，使得学校食堂的硬件设备得到很大提升，10所学校都已顺利取得餐饮服务许可证，其中坞根镇幼儿园等4所食堂通过了“C升B”验收。

与此同时，我市还通过民办学校食品安全管理以奖代补举措，对当年通过视频安全考核或食堂获得量化升级的民办学校进行奖励。“这样一来，民办学校投入资金对食堂进行升级改造的积极性就被调动起来了，促进了民办学校食堂规范化管理，食堂软硬件都有了很大提高。”工作人员说。

通过实施学校食堂量化升级、民办学校中小学食品安全管理以奖代补、品牌超市进校园、“明厨亮灶”工程等举措，至2017年底，我市学校食品安全工作机制和监督组织建成率达到100%，食堂持证率、大宗食品统一配送货定点采购率均达100%，校园食品可追溯率达到100%，学校食堂达到A、B等级的占90.5%，“阳光厨房”建成率达71%，学生食品安全知晓率达到90%以上。

温岭市市场监督管理局相关人员对学校厨房供应商进行食安培训

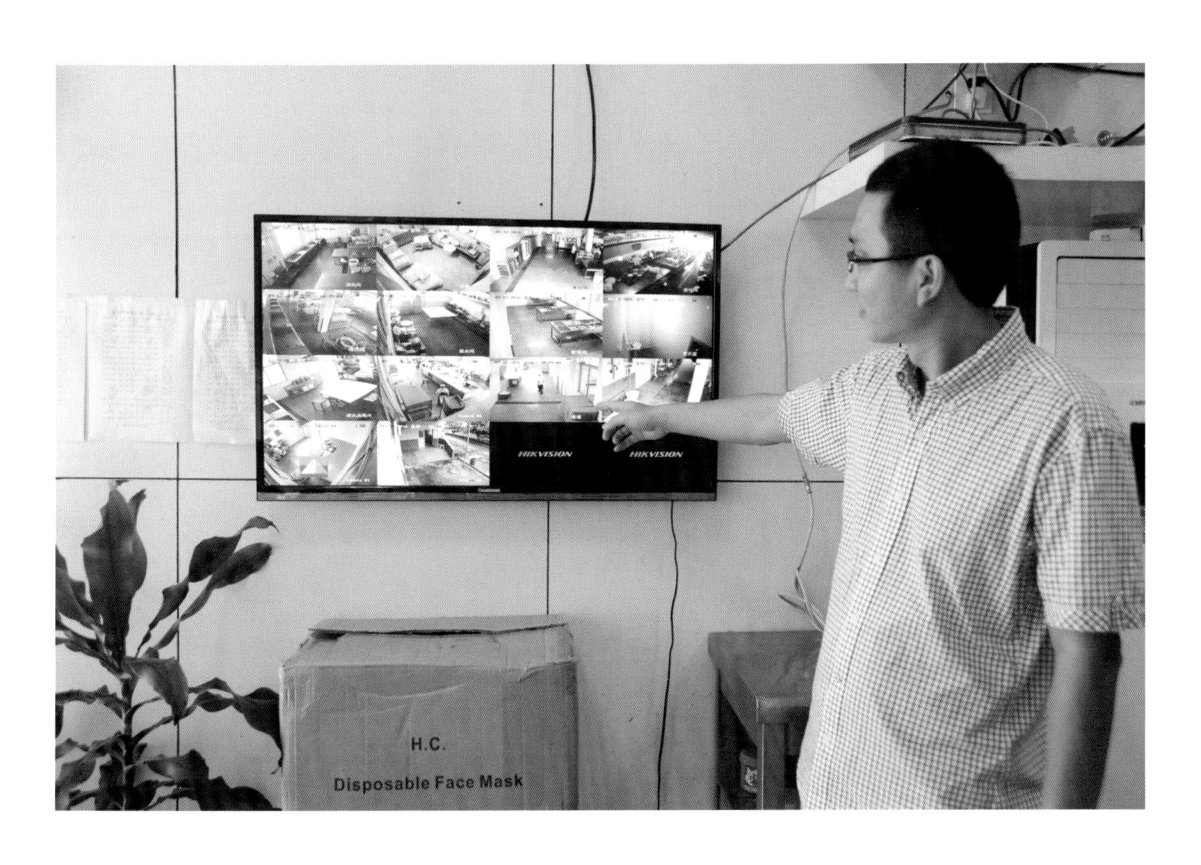

全市学校食堂开展“明厨亮灶”工程建设，并实现远程监督

▼ 整顿校园小卖部，让学生吃得更安心

2018年4月2日至4月10日，市教育局、市行政执法局联合开展校园周边食品安全环境整治行动。工作人员对有流动摊贩出没的城东小学、岩下小学、城西小学、市级机关幼儿园等学校及幼儿园的周边进行了专项食品安全环境整治。本次行动取缔了校园周边食品流动摊贩近10家。

这样的整治已成为常态化工作。2017年，市教育局不定期与市场监管、综合行政执法等部门联合开展校园及校园周边食品安全集中整治行动，共出动167人次，检查校园周边小食杂店87家，餐饮单位49家，整治校园周边食品流动摊贩80多家，有效净化了校园周边食品安全环境。

“为防止流动摊贩卷土重来，不少学校还与辖区内的行政执法中队建立联勤机制。”工作人员介绍。也就是说，学校一旦发现情况立即报告属地行政执法中队，由行政执法中队及时出动力量予以精准打击，巩固整治成果。

2016年3月份，针对职教中心流动摊点出没严重这一情况，市教育局还多次召开座谈会。“甚至要求周日下午学校食堂的饭菜要丰富，更有吸引力。”工作人员说，这样会让学生对食堂的饭菜产生更大的兴趣，不再被流动摊贩所吸引。

在加强校园周边食品安全环境净化的同时，也要对内部小卖部的进驻进行更加规范的管理。“以前对进驻的小卖部没有要求，进驻的商家也比较杂乱。”几年前，我市实行品牌超市进校园活动，也就是说，进驻学校的小卖部必须来自规范的品牌超市，改变过去“鱼龙混杂”的状况。

“品牌超市相比个人承包的小卖部，管理更加规范，食品质量更有保障，价格也更低廉。”工作人员介绍。这样一来，不但能极大改善校内食品安全环境，也能吸引更多学生在校内消费，有力地支持了校园周边食品安全环境整治。

品牌超市入驻之后，监管同样不能缺席。市教育局每年都会对这些入驻超市进行抽检，检查内容包括台账、进货渠道，甚至店内装修是否与原品牌风格一致都在检查范围内。

温岭市教育局经常与各部门联合开展校园及校园周边食品安全专项整治行动

▼ 加强校园食安宣传，提高师生安全意识

“不吃不安全食品”“食品安全要注意”……在温岭市各大校园的黑板报上，时常可以看到关于食品安全的宣传。

各校通过黑板报、宣传窗、各种展板专题宣传，签订《不吃不安全食品承诺书》；举行食品安全知识竞赛；发放内含暑期食品安全内容的《告广大学生家长书》；提倡健康饮食，促进学生养成健康的饮食习惯……这些都是市教育局为营造氛围开展的各项活动。

“广泛开展科学饮食教育活动，使学校食品安全宣传教育步入制度化和规范化轨道。”市教育局相关负责人介绍，如要求各校因地制宜地开展“八个一”活动：每学期举办一次食品安全知识讲座；每学期安排一节食品安全教育课，授课面覆盖全校学生；每学年开展一次以食品安全为主题的竞赛活动，形式可以是征文比赛、绘画比赛或知识竞赛等；每班每学期出一期食品安全黑板报；每个学生有一本食品安全科普读物；每学年组织一次“食品安全知识带回家”活动；在学校食堂竖立一块食品安全温馨提示牌；每学期举办一次食品安全主题班队活动。

与此同时，为了让食品安全宣传进校园，市教育局与市市场监管局等部门联合印刷有关食品安全知识读本，免费发放给全市小学生阅读，进一步增强学生的食品安全意识。

近年来，市教育局还拨出专项资金用于安全教材的购置，在全市小学开设安全课，让食品安全教育进课堂，全面提高学生食品安全知识知晓率，自觉抵制不安全食品的诱惑。同时，还扩大学生家长参与学校膳食管理委员会的人数，通过“小手拉大手”，提高师生、家长的食品安全意识。（王　悦）

泽国二中校园内的健康知识宣传栏

各校因地制宜开展食品安全宣传活动

温岭市市场监管局工作人员入校开展食品安全宣传教育

温岭市卫生和计划生育局：

加强监测质量控制
确保市民的食品安全

正所谓“民以食为天，食以安为先”。为了切实保障食品安全，温岭市卫生和计划生育局相关职能部门高度重视食品安全风险监测工作，做到关口前移，防患于未然，努力提高监测技术能力，加强监测质量控制工作，从而做到有效防控食源性疾病，确保市民的食品安全。

温岭市疾控中心大楼

▼ 从嵌糕、海鲜到水果，菜篮子的食物都是检测重点

每年，温岭市疾控中心都会制定一份《温岭市食品安全风险监测实施方案》，水产品、肉制品、糕点、熟食、腌制品、水果、蔬菜等，都成为他们监测的重点。

市疾控中心监测科科长陈飞荣介绍："疾控中心的食品风险监测不是食品安全执法部门的监督检查，我们的重心放在本地市民食用较多的食品，或者是市民心中安全疑虑较大的食品上，针对这些食品开展卫生监测，发现食品安全隐患，给执法部门提供监管重点。"

"主要检测农药残留、激素、致病菌等。"陈飞荣表示。风险监测样品来源，除了特别的专项监测，一般是在市民可以买到食品的地方采集样品，比如菜场、超市、小卖部、农副产品批发市场等。

据统计，2017年市疾控中心共采集1395份样品开展检测，及时完成"辖区每千人口年风险监测食品样品数达1件"的监测任务。"从检测结果来看，88份食品样品的检测指标超标，总超标率为6.3%，主要超标的食品为动物性海水产品。"陈飞荣表示。2017年该科室还对52批次早餐糕点进行监督抽检，2018年还要继续做50批次嵌糕的抽检，年底再统一出专题风险评估报告。

2018年1月，市疾控中心还组织人员依据年度监测数据开展食品安全风险评估，提出温岭市6月至10月食源性疾病存在较高发病风险，建议食品安全监管部门加强对熟肉制品、嵌糕及食品添加剂使用等生产经营企业的监管和动物性海水产品食用安全的宣传。

温岭市卫生监督所大楼

▼ 铺就一张食源性疾病监测网络体系大网

二菜场的海干货摊位

2018年5月31日，温岭市疾控中心开展了一场以“食物中毒”为主题的应急演练。演练场景为某校一些学生就餐后出现集体腹泻等症状，学校随后通知了市疾控中心。接报后，市疾控中心立即组织人员赶到现场，对腹泻患者开展流行病学调查，同时对现场的厨师、送餐员、厨具、食物进行采样化验。

“此次演练，主要考验我们事先物资准备情况，以及现场调查处置能力。”陈飞荣说，类似的演练每年都会开展多次，“突发事件不知何时会发生，所以我们要随时做好准备。”

“未雨绸缪，方能防患于未然。”为了有效应对食源性疾病的发生，温岭市疾控中心在全市铺开了一张食源性疾病监测网络体系的大网。“监测哨点医院和监测点，从原有的7个增加至23个，逐步扩大至全市所有医疗机构。”陈飞荣说。

据统计，2017年共监测到310例特定病原体的食源性疾病病例，对225例疑似食源性疾病病例开展了病原体检验，检出阳性14例，阳性检出时间集中在6月至10月。针对监测工作中发现的食品安全隐患，监测科及时与相关部门沟通，采取有效措施，及时查处，有力地保障了人民群众的身体健康。

此外，市疾控中心还对承担食品安全风险监测任务的技术机构进行业务培训，并对承担食源性疾病监测工作的哨点医院和各监测点开展每年不少于1次的食源性疾病监测督导检查，切实提高哨点医院诊断监测水平和专业技术人员应急反应速度以及现场调查处置能力。

市民放心购买禽类产品

温岭市卫生监督部门工作人员在检查商家的食品添加剂

▼ 严格管理餐饮具消毒企业，实施远程监控

对餐饮具消毒企业的管理是市卫生监督所的重点工作之一。餐饮具清洗消毒，直接关系着市民“舌尖上的安全”。为进一步提升温岭市集中消毒餐饮具质量安全水平，市卫生监督所积极创新餐饮具集中消毒单位的卫生监管模式，对事前、事中、事后的全过程实施强化监管。

2017年，市卫生监督所将全市3家餐饮具消毒企业全部纳入电子远程实时监控系统。并建立了餐饮具集中消毒单位卫生监督档案，加强了餐饮具集中消毒行业的规范管理。对餐饮具集中消毒单位实行“一月一督查”，在重大节日等非常时期，更进一步加大督查频次，确保集中消毒餐饮具卫生安全、万无一失。

2017年，市卫生监督所共出动卫生监督员162人次，督查餐饮具消毒企业50家次，发现问题，立即提出整改意见限期整改，对1家违法企业予以警告处罚，并反复督促其整改到位。同时，实行“二月一检测”，即每2个月对正常运营的餐饮具集中消毒企业开展1次消毒效果抽样检测，检测项目为感官性状与大肠菌群。

“全年共采样140份，合格135份，合格率为96.43%。”市卫生监督所副所长张志方介绍。2017年该所还组织开展了一次集中消毒餐饮具表面洗消剂残留量检测，共抽检20份样品，合格20份，合格率达100%。每次检测结果都通过温岭市卫生与计划生育局网站公告，并及时通报市场监管部门。针对生产不合格产品的企业，执法人员立即要求其严格执行国家有关卫生规范进行整改，并提供消毒灭菌服务，再重新送样检测，重新检测后产品均已合格。

张志方表示，下阶段，市卫生监督所还将根据《浙江省餐饮业质量安全提升三年行动计划（2018—2020）》的工作安排和部署，继续加大日常监管力度，强化卫生法律法规及卫生知识的宣传培训力度，进一步指导支持餐饮具集中消毒企业加强行业自律，完善自身管理，确保餐饮具消毒质量，保障广大人民群众的“舌尖”安全。（朱丹君）

温岭市卫生监督所对餐具消毒企业实施有效管理，并实现远程监管

温岭市公安局、温岭市人民检察院、温岭市人民法院：

出重拳用重典
打好“保胃战”

民以食为天，食以安为先。

食品安全关乎民生大计，但近年来食品安全犯罪频频发生。对此，温岭市公安局、温岭市人民检察院、温岭市人民法院联动，加大执法力度和打击力度，替百姓打好”保胃战“。

温岭市公安局的数据显示：2016年，共破获食品、药品刑事案件40起，刑拘食药犯罪嫌疑人82人，起诉72人；2017年，共立涉食药刑事案件49起，刑拘犯罪嫌疑人89人，移送起诉69人。

温岭市人民法院的数据显示：2016年，审结涉食品安全犯罪案件31件51人；2017年，审结涉食品安全犯罪案件38件68人。

这些案件的查处和审判，给了涉案人员极大的震慑力。

温岭市公安局大楼

温岭市人民检察院大楼

温岭市人民法院大楼

严打添加罂粟壳的食品安全犯罪行为

温岭市对涉及食品安全犯罪向来持严厉打击态度，并追究相关人员的刑事责任。

在生产、销售有毒、有害食品案中，2011年、2013年均有1起，均为使用双氧水加工制作食物。2014年为11起，除了1起为使用硼砂制作面条，其余均为使用工业松香煺鸭毛或者制作猪头肉。

2016年，温岭市集中对全市2000多家餐饮行业进行检查，一次性查获了近30起在生产、销售的食品中添加罂粟壳的违法犯罪行为。根据温岭市人民法院统计，他们审理的此类案件共有34件。

箬横的中年夫妇陈某和陈某某，于2014年在新河镇锦山东路开了一家店，经营麻辣烫生意。

2016年2月24日中午，新河派出所民警联合市市场监管局工作人员进店检查，在高汤里发现5个罂粟壳。经检测，高汤里有吗啡成分。在一楼厕所边还发现了一袋罂粟壳。

陈某称，去年父亲过世，他拿了父亲种的罂粟壳，并开始在汤里加入。“知道罂粟壳可用来制作毒品，但为了让高汤味道更好，所以掺加了。”陈某说。

店里每天能卖出七八十碗麻辣烫。截至被查，除了春节长假7天没开店，其他时间都在经营。妻子陈某某说，她于2月15日发现丈夫往高汤里放罂粟壳，但没有制止。

最后陈某被判处有期徒刑一年零八个月，并处罚金14万元；陈某某被判处拘役六个月，缓刑一年，并处罚金1万元。

陈某夫妻俩被判的前一天，市人民法院对16起生产、销售有毒、有害食品案进行集中宣判。

这些案件均是2016年市场监管和警方集中打击的生产、销售食品中添加罂粟壳的案件，涉及麻辣烫、牛肉面及多种卤味等。在这些被查处的不法商家中，既有已非法添加罂粟壳长达一两年的老手，也有才做几天的新手；既有实体店铺，也有流动摊贩；既有零售商，也有批发商。

经市人民法院审理后，16起案件的44名被告人被判处拘役四个月至有期徒刑十个月不等的刑罚。

正是因为如此大的打击力度，在食品中添加罂粟壳的犯罪行为被摧毁。

公安、市场监管部门联合开展
食品中违法添加罂粟壳专项整治

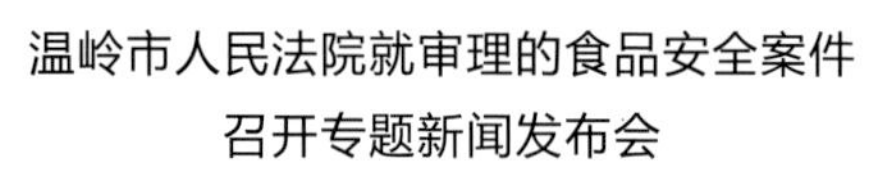

温岭市人民法院就审理的食品安全案件
召开专题新闻发布会

▼ 和“口水油”说不

如果说，2016年的涉食品安全案件的关键词是罂粟壳，那么，2017年的关键词就是“口水油”。

这年春天，城西川哥火锅店的老板郑某和厨师长赵某站在了被告席上，因为他们制作“口水油”给顾客食用。这些重复使用的“口水油”，存在腐败变质、油脂酸败、霉变生虫、污秽不洁、混有异物等食品安全问题。

郑某是玉环人，2016年9月，他开了这间火锅店。重庆、四川一带的火锅很有名，郑某还特意经熟人介绍，从重庆聘请了赵某为厨师长，赵某是四川人。

郑某称，当时他在重庆时，听说很多辣火锅底料加了一种“老油”，这样味道会更好。为了吸引顾客，他让赵某制作“老油”。

所谓“老油”，就是“口水油”。客人吃剩下的辣火锅底料由服务员端到厨房，赵某将底料倒入两层筛网的桶内，进行第一步粗滤。每天晚上9时下班前，赵某再将粗滤的油捞出四分之一至三分之一，进行第二步细滤。第二天上班后，赵某再将这些油煮沸熬制成“老油”，并将“老油”倒入辣火锅底料中给顾客食用。

郑某交代，一般重新利用中餐和晚餐客人吃剩下的辣火锅底料，客人吃夜宵时剩下的底料就直接倒掉了。客人吃的鸳鸯锅的辣火锅底料内，都加了“老油”。

为什么不用新油熬制“老油”？郑某称，油越熬越香，新油熬制不出这种香味。

2017年1月5日，城西派出所民警联合市市场监督管理局工作人员来到火锅店检查，发现该店存在销售废弃油脂的情况。

根据2012年1月9日最高法、最高检、公安部联合发布的《关于依法严惩“地沟油”犯罪活动的通知》，“口水油”“地沟油”等一律定性为“地沟油”，重复使用这些“口水油”属于在生产、销售的食品中掺入有毒、有害的非食品性原料的犯罪行为。

2017年1月6日，赵某被警方传唤到案，郑某也主动向警方投案。

经查，2016年9月至2017年1月5日，火锅店的营业额为10万元左右。

市人民法院认为，两人的行为均构成了生产、销售有毒、有害食品罪。郑某作为主犯，被判处有期徒刑两年，并处罚金25万元；赵某作为从犯，被判处有期徒刑一年零六个月，并处罚金3.5万元。

这起案件不是个案。2017年3月，台州市市场监管局曝光了台州16家涉嫌使用“口水油”的火锅店，其中我市就有9家，包括这家川哥火锅店。

而根据市人民法院的统计，2017年审理的在食品当中加入“口水油”的案件共10件。

温岭市人民法院庭审现场

▼ 夫妻俩被处巨额罚金5800万元

2017年9月，一对夫妻因为销售不符合安全标准的食品，分别被市人民法院判处有期徒刑5年,并处罚金3200万元和有期徒刑4年,并处罚金2600万元。夫妻俩的罚金加起来有5800万元，为温岭市人民法院有史以来判处的最高罚金。

罗某在城区某菜场卖牛肉。2016年1月27日，市市场监督管理局在检查中发现罗某销售巴西走私牛产品，并在罗某家的冷库里，还查获了大量巴西走私牛产品。

罗某交代，这些巴西走私牛产品是从商家周某处购买的。周某是乐清人，女，38岁，在城东开店，经营牛产品等。在周某家中，工作人员也查获了大量巴西走私牛产品。当天，罗某和周某被警方传唤到案。

随着案件的深入调查，杨某、滕某、李某、方某、黄某等人渐渐浮出水面，并陆续归案。

根据警方通报，经过4个多月的深挖细查，在杭州、台州两地陆续抓获犯罪嫌疑人14人，刑拘12人，其中逮捕6人，取保候审6人，查获涉案门店7家，冷库6个，共收缴来自巴西疫区且未经检验检疫的冷冻走私牛肉约685箱，计1.37万公斤。查明该案的犯罪网络涉及广东、河南、安徽、江西、河北、江苏、福建等省和本省11个地市，仅2015年10月以来，涉案金额就高达7000多万元。

杨某和滕某是一对江西中年夫妻，在杭州一冷冻市场开食品商行。杨某称，他一开始是卖一些鸭产品的，后来发现卖外国的走私牛肉利润比较好。于是，他就开始贩卖外国走私的牛肉以及牛内脏。

2014年下半年至被查获为止，杨某从广东江门、郑州、福建等地购入大量牛产品，在商行里销售。

杨某负责进货，妻子滕某在店内负责销售及管理店内账目，另雇用李某负责店内账目的记录、核对，方某负责提货以及抄录所发货物的重量。

销售的大部分都是巴西牛产品，小部分为澳洲牛肉，小部分牛肉经过检验检疫，牛副产品均没有经过检验检疫。

据检方指控，杨某和滕某的销售金额共计2900万元。检方认为，他们销售我国为防控疾病等特殊需要而明令禁止销售的巴西等国家的牛肉及牛副产品，足以造成严重食物中毒事故，或其他严重食源性疾病。

法院审理后认为，杨某等人的行为已构成销售不符合安全标准的食品罪，6名被告人被判处一年至五年不等的有期徒刑，并处16万元到3200万元不等的罚金。

承办法官称，根据司法解释，销售不符合安全标准的食品的，处以销售金额两倍以上的罚金。杨某和滕某系共同犯罪，两人加起来的罚金已达到销售金额的两倍。

温岭市人民法院审理销售不符合安全标准的食品罪案件

▼ 出重拳用重典，提高惩戒力度

市公安局始终坚持“零容忍”的态度，把打击矛头对准涉及面广、社会危害大、群众反映强烈的涉食品犯罪，重点打击群众日常涉食品领域的违法犯罪，持续加大对涉食品犯罪的打击力度。

市人民检察院充分履行检察职能，以专项活动为抓手，依法严厉打击危害食品安全的犯罪活动，专门制定相关工作意见，认真部署参与社会综合治理，助力食品安全，为人民群众生命健康筑起检察屏障。

市人民法院始终坚持对涉食品犯罪整体从严惩处的指导思想，用好用足刑罚武器，有效预防、震慑和打击涉食药犯罪。如在火锅锅底中添加“口水油”的犯罪案件中，对10件此类案件中犯罪的27名被告人均判处实刑，无一缓免刑，体现了打击食品犯罪的“零容忍”态度，罚金判处根据违法所得从5000元到40万元不等，也体现了提高违法成本，严厉打击食品犯罪的决心。

严惩才有效果。公、检、法各司其职，出重拳用重典，大幅度提升惩戒力度，提高违法成本，明确刑事惩处和民事巨额赔偿细则，对违法行为给予最大震慑，直接遏制商家违法经营的倾向。（赵　云）

温岭市人民法院在审理一起私屠滥宰案件

公、检、法联手打击食安领域的违法犯罪行为

三、大事记

温岭食品安全工作大事记
（2005年至今）

▼ 2005年

3月15日，温岭市人民政府印发文件，决定建立温岭市食品安全委员会（简称“市食安委”），副市长邱士明担任市食安委主任。

4月14日上午，市食安委召开第一次全会，部署今后一阶段全市食品安全工作。

8月9日上午，市委书记陈伟义带领有关部门负责人检查台风灾害后食品安全工作。

▼ 2006年

3月14日，温岭市人民政府办公室发布《关于调整市食品安全委员会组成人员的通知》（温政办发〔2006〕25号），市长叶海燕任市食品安全委员会主任，副市长邱士明任常务副主任。

5月29日上午，市政协十一届二十二次常委会专题听取并研究食品安全监管工作。

8月2日，台州市卫生局会同温岭市卫生执法人员查处温岭市繁昌油脂厂涉嫌生产劣质食用油案件。该案最终于2007年1月19日判决，被告人应某某以生产销售不符合卫生标准食品罪被判处有期徒刑两年，并处罚金8万元。

12月13日，浙江省出入境检验检疫局原副局长、浙江大学客座教授叶永茂应邀在第六期“温岭讲坛”上做食品安全专题讲座。

▼ 2007年

7月3日上午，市人大召集相关部门负责人，就食品安全检验检测资源综合利用问题进行专题座谈，建议整合资源，成立统一权威的食品安全检验检测机构。

7月27日，市政协召开十二届三次常委会议，专题听取市政协调研组关于“餐饮业食品卫生安全管理”等课题的调研情况汇报，会议审议通过《关于加强我市餐饮业食品卫生安全管理的建议案》。

7月30日，市政府发文，将温岭市食品安全委员会调整为温岭市食品药品安全委员会。

8月24日，全市学校食品配送工作会议在市实验学校报告厅召开，全面启动实施学校食品统一配送工程。

9月14日，副省长金德水一行到温岭考察工业经济和食品安全工作。

11月22日，市人大科教文卫委组织相关部门人员和有关媒体记者，开展学校食品配送工程建设情况暗察暗访，督查学校食品配送工程开展情况。

▼ 2008年

5月6日，市政府发文，启动首批省级食品安全示范市创建活动。

6月12日，省委政研室副调研员叶建华、省食品药品监管局纪委书记张小平等一行5人来温岭市调研农村食品药品安全保障体系建设工作。

6月26日，市人大常委会副主任张强富带队调研农贸市场的食品准入工作。

7月7日下午，省食品药品监管局食品安全协调监察处处长卢永福一行5人来温岭，督查奥运食品保障工作。

7月17日上午, 全市食品药品安全委员会全体（扩大）会议暨食品安全形势新闻发布会召开，市长叶海燕到会讲话。

8月7日下午，市人大常委会审议食品药品安全监管工作情况。

8月18日—19日，全省“十小”行业质量安全整治和规范工作现场会在温岭市召开，副省长王建满指出：“十小”行业整治“整出了规范，整出了民意，整出了发展”，温岭市的试点工作为全省提供了一个较为成功的样板。

11月10日—12日，省级食品安全示范市验收考评组对温岭市进行为期3天的验收工作。考评组听取了市长叶海燕关于温岭市创建工作的情况汇报。经省考评组现场检查，充分肯定了温岭的工作。

12月30日下午，市十四届人大常委会举行第十五次会议，专题审议食品安全议案办理落实情况。

▼ 2009年

3月5日上午，市十四届人大三次会议召开“食品安全工作”专题审议会。

7月17日上午，浙江省出入境检验检疫局原副局长、浙江大学客座教授叶永茂应邀赴温岭为全市工商系统干部职工及流通环节食品安全管理人员做《食品安全法》专题讲座。

▼ 2010年

5月13日，省食品药品监督管理局副局长吴宁一率相关人员到温岭市调研餐饮服务食品安全工作。

6月9日，省政协文卫体委专职副主任叶成伟率食品药品安全课题调研组来温岭考察指导食品药品安全监管工作。

11月4日上午，台州市百万学生饮食放心工程试点工作现场会在温岭召开。

11月18日，省人大常委会委员、教科文卫委员会副主任委员肖鲁伟一行7人来温岭，就《浙江省实施〈中华人民共和国食品安全法〉办法（草案）》征求意见工作进行座谈交流。

12月24日，市委书记叶海燕率食品安全职能部门督查节日食品安全保障工作。

▼ 2011年

5月18日，市卫生部门查获一餐饮店利用工业双氧水泡制鸡爪案件。同年10月13日，温岭市人民法院审理认为，该行为构成生产销售有毒有害食品罪，3名被告人被依法判刑，最高判处有期徒刑三年，并处罚金3万元。这也是《食品安全法》实施以来查处的全省首例食品中非法添加非食用物质案件。

5月19日，全市食品药品安全知识讲师团进农村、进社区、进学校巡回宣讲活动启动仪式在老年大学举行。

6月3日下午，市政协调研温岭市民办学校和幼儿园饮食安全保障工作。

6月14日下午，市人大常委会与“一府两院”举行专项工作会商，专题研讨加强食品安全监管工作。

9月21日上午，市委副书记、代市长李斌调研食品药品安全工作。

11月21日—22日，由省工商局副局长张雪林带队的省级食品安全示范县（市）验收组一行7人，对温岭市省级食品安全示范市创建工作进行复评验收。

▼ 2012年

1月16日上午，市委书记周先苗带领市食品药品监管和工商等相关部门，督查春节前食品安全工作。

2月2日，市人大常委会党组副书记戴康年一行3人到市食品药品监管局调研和指导食品药品安全工作。

2月8日，市委常委、统战部部长陈玲萍和市政协副主席叶建民调研药监综合大楼建设情况。

4月12日晚，经一个多月的缜密侦查，市公安、农林、食安办等部门联合行动，查获特大制售“病死猪”案。

5月18日，市机构编制委员会发文，同意设立食品药品检验检测中心和药品不良反应监测中心，标志着温岭市食品安全检测资源整合工作取得阶段性成果。

6月18日，市十五届人大常委会第五次主任会议决定，在全市开展《食品安全法》及相关法律法规执法检查。

7月4日，台州市人大常委会副主任樊友来赴温岭开展食品安全执法检查。

8月31日，市十五届人大常委会第四次会议召开，市人大常委会主任张学明、常委会各副主任和全体委员专题听取并审议《食品安全法》及其相关法律法规执行情况。

10月24日，市政府印发《温岭市食品药品监督管理局主要职责、内设机构和人员编制规定》，明确将原由市卫生局承担的餐饮服务食品安全监督管理和保健食品、化妆品卫生监督管理职责划入市食品药品监管局的职责范围内。

▼ 2013年

1月15日，市编委正式发文，同意设立“温岭市食品药品稽查大队”，为市食品药品监管局下属的承担行政职能的事业单位，核定全额拨款事业编制50名。

3月7日，省食安办专职副主任、省食药监局党组成员卢永福一行4人到温岭，调研学生饮食放心工程和基层食品药品安全工作站建设工作情况。

3月13日，对去年查获的特大制售“病死猪”案，市人民法院经多次审理后当庭宣判，46名被告均以生产、销售不符合安全标准的食品罪获刑。最高被判有期徒刑六年零六个月，并处罚金人民币80万元。

4月18日，市十五届人大常委会第十五次主任会议通过《食品安全工作满意度测评实施方案》及《食品安全工作满意度测评办法》，启动每年一次的对食品安全主要职能部门工作满意度测评工作。

5月15日，市政府正式发文，决定将原温岭市食品药品安全委员会更名为温岭市食品安全委员会，继续由市委副书记、市长李斌担任主任，6位相关副市长为副主任。

8月2日，市长办公会议专题研究食品安全工作。市委副书记、市长李斌专门就下半年食品安全工作提出要求。

8月15日上午，市政协副主席陈辉带领部分市政协委员，开展食品安全管理工作专题视察。

9月23日，市人大常委会副主任张国荣带队督查人大食品安全审议意见整改落实情况。

9月27日，市委书记周先苗实地检查市购物中心食品摊贩疏导点建设工作，并就节日食品安全工作提出要求。

11月6日，市十五届人大常委会第十二次会议对市食安委9个主要成员单位开展食品安全专项工作满意度测评。

11月21日，市长李斌带队调研市食品药品检验检测中心建设情况。

11月28日—29日，省级餐饮服务食品安全示范市验收组对温岭进行了现场考核验收。经2天时间的认真检查，考核组现场宣布，温岭市达到浙江省餐饮食品安全示范市标准。

▼ 2014年

3月13日，市农林局和杭州锦江集团签订《温岭市病死动物无害化处理BOT项目特许经营协议》，标志着该项目正式启动。

3月28日—30日，省认证组专家对市食品药品检验检测中心现场进行食品检验机构资质认定审查，并一致认为基本符合食品检验机构资质认定标准，标志着温岭市食品安全检验检测资源整合工作顺利完成。

4月25日，台州市副市长叶海燕到温岭市食品药品检验检测中心调研，并观看餐饮业“明厨亮灶”与信息监管平台操作流程。

10月30日，市十五届人大常委会第二十一次会议对市食安委9个主要成员单位开展食品安全专项工作满意度测评。

11月10日，市市场监督管理局正式授牌，市委副书记、市长李斌，市人大常委会副主任戴康年等出席授牌仪式。

▼ 2015年

4月10日，市委、市政府出台《温岭市人民政府职能转变和机构改革方案》，将市食品药品监督管理局、市工商行政管理局和市质量技术监督局的职责整合，组建温岭市市场监督管理局。

4月17日上午，温岭市召开食品安全委员会2015年度第一次全体会议，市食安委主任、市长李斌主持，常务副市长李昌明、副市长陈刚、副市长马健等市食安委副主任出席会议。

5月11日，市政府印发《温岭市市场监督管理局主要职责内设机构和人员编制规定》。

7月，经一个多月的带料调试，市病死动物无害化处理中心投入试运行，标志着温岭市在病死动物集中处置方面的工作进入集中统计处置新时代，全市病死动物处理难题得到彻底解决。2016年4月26日，副省长黄旭明批示肯定了温岭的做法。

7月16日，省食药监局局长、食安办主任朱志泉一行到温岭调研食品监管工作情况。

8月4日上午，温岭市举行食品安全责任保险授牌仪式。

8月12日上午，市委组织部考察组到市市场监管局开展食品安全整治专项行动跟踪考察。

8月26日下午，市政协召开“加强食品安全监管工作”协商座谈会。

11月30日，市人大常委会举行第四次法治讲堂，市食安办主任、市市场监管局主要负责人童庆波应邀出席解读新《食品安全法》。

12月31日上午，市人大常委会召开食品安全工作专题询问和满意度测评会。

▼ 2016年

1月27日，市市场监管局和市公安局联合行动，查获一经营销售走私牛肉案。随后，市公安局成立专案组，开展4个多月的深追细查，依法刑拘11人。2017年9月14日，温岭市人民法院以销售不符合安全标准的食品罪判处杨某、滕某等6名被告人有期徒刑一至五年不等，罚金总额达5800万元。市公安局受到省公安厅专门贺电表扬。

2月25日，市公安局和市市场监管局联合行动，开展餐饮食品违法添加罂粟成分专项检查，突击检查1200余家餐饮店，发现32家可能存在违法行为，并对52名涉案人员采取刑拘措施。随后，市人民法院陆续审理并以生产销售有毒有害食品罪进行判决，最高被判有期徒刑一年零十个月，并处罚金15万元。

3月4日，市政府常务会议研究市人大常委会食品安全审议意见整改落实工作。

4月19日，市食安委全体会议专题研究《温岭市创建省级食品安全城市实施方案》。

4月27日，《中国工商报》刊登《温岭构建智慧监管模式打造食品安全护城河》一文。

5月4日，市政府印发《温岭市创建省级食品安全城市实施方案》（温政办发〔2016〕43号）。

5月18日，《中国工商报》刊登市市场监管局局长童庆波《机构三合一，工作能不能三合一》一文，肯定温岭市市场监督工作中开展“八个一”的做法。

6月4日，《温岭“多城同创”，整规小餐饮显成效》在《中国食品安全报》刊发。

6月8日，《温岭设镇级食品农产品快检室》在《中国医药报》刊发。

6月23日，《温岭破获销售无中文标签保健食品案》在《中国医药报》刊发。

6月23日，《温岭现场征集“你点我检进家庭”食品检测项目》在《中国食品安全报》刊发。

7月5日，《温岭：学校食品安全看得见》在《中国食品安全报》刊发。

8月9日，《温岭大型商超食品安全引入第三方风险评估》在《中国医药报》刊发。

9月14日，市长徐仁标督查食品安全工作。

11月22日上午，市十五届人大常委会召开第四十四次会议，对市政府关于食品安全专题询问意见整改落实情况进行了审议，并对市食安委主要成员单位分别进行了满意度测评。

12月14日，市政府发文成立以王宗明市长为组长的创建工作领导小组，分管市领导为副组长，29个相关单位及16个镇（街道）的“一把手”为成员，下设7个工作组。

12月21日，市政府召开省级食品安全城市创建“百日冲刺”行动动员会，市领导王宗明、林继平、陈荣世、颜正荣参加会议。分管副市长陈荣世做专题部署，王宗明市长做强调讲话。

2017年

1月5日晚，市公安局、市市场监管局联合开展火锅店回收利用“口水油”情况专项整治行动，突击检查前期排查确定的53家火锅店，刑事立案9件，刑拘24人。截至2017年12月，上述24人陆续已被温岭市人民法院依法判处1至3年的有期徒刑。

1月16日，温岭市委书记徐仁标督查食品安全工作。

2月23日，分管市领导陈荣世督查省级食品安全城市创建领导小组办公室运行情况。

3月22日，市府办发文，要求全市上下联动，全面开展省级食品安全市创建宣传工作。

3月31日，分管副市长陈荣世在2017年食品安全工作会议上就食安城市创建工作做强调讲话，市人大常委会副主任林继平、市政协副主席颜正荣出席会议。

4月23日，分管副市长陈荣世专题开展创建工作暗访督查。

5月21日—22日，台州市食安办组织相关专家对温岭创建省级食品安全市工作开展初审考评。

5月26日，市长王宗明签发文件，正式向省食安办提交申请，要求开展省级食品全市创建验收。

6月21日，市编办正式批复市市场监管局内设机构食品安全综合协调与督查科，增挂市食品安全委员会办公室秘书处牌子，标志着台州首个县级食安办秘书处正式挂牌运行。

6月22日，省农业厅厅长林健东一行来温岭开展省级农产品质量安全县创建现场验收活动。

7月17日—18日，省食安办专职副主任、省食药监局副局长卢永福率专家组赴温岭开展省级食品安全市创建现场验收活动。

8月21日—22日，台州市省级食品安全县（市、区）创建经验交流会在温岭召开。

9月27日，省食安办组织中央、省级有关媒体组成“食安创建基层行”媒体采风团一行12人，到温岭市采访调研省级食品安全市创建有关工作。市长王宗明接受了采风团的专访。

9月28日，省食安办将省级食品安全县（市、区）创建验收结果通过多种媒体向社会公开公示，并启动为期半个月的微信点赞活动，温岭市在点赞活动中成绩领先。

10月22日晚，浙江经视《食药聚焦》栏目播放了市长王宗明9月27日接受中央、省级有关媒体组成的“食安创建基层行”媒体采风团的专访的视频。

12月7日，市政府印发《关于进一步深化食品安全市创建实施意见的通知》，该实施意见明确全力提升基层监管能力等10方面重点工作，进一步深入推进食品安全市创建工作。

12月12日，省食安委正式发文，命名温岭为“省级食品安全县（市、区）”。

▼ 2018年

2月6日，台州市副市长蒋冰风督查温岭春节前食品安全及节日食品供应工作。

2月11日，市委书记徐仁标，市委常委、常务副市长朱明连，市委常委、公安局长吴凌，副市长陈荣世等市领导到太平、城东等地检查食品安全工作。

3月13日—15日，全市市场监管系统以食品安全、放心消费等为主要内容，采取多种形式进村入企，开展以“品质消费，美好生活”为主题的“3·15”国际消费者权益日活动。

3月上旬，市市场监督管理局、市教育局联合行动，开展新学期学校食品安全专项检查，努力消除学校食品安全风险隐患。

3月16日，台州市食安办专职副主任卢志达对温岭市报送的《温岭打造“四大高地”巩固食品安全县（市、区）创建成果》一文做出批示：“持续发力、常态化跟进，全力守护首批‘浙江省食品安全市’金字招牌，干得好！”

4月3日，全省食品安全市县创建工作专题培训班召开，温岭市食安办就温岭“三力”并举全面提升群众食品安全满意度工作做法在会上做经验交流。

4月8日，市食品安全委员会召开2018年度第一次全体会议，市食安委主任、市长王宗明在会上做强调讲话。同日，2018年全市食品安全工作暨深入推进食安创建工作部署会召开，副市长陈荣世就深入推进创建工作提出4点意见。

5月28日，副市长江峰在《温岭政务信息(专报)》第104期《我市全城共创“食安温岭”群众满意度空前提升》一文上批示：“民以食为天。市场监管局以‘食安温岭’为目标开展的‘四大工程’，金点子很多，举措很扎实，成效很明显。望继续深化，取得更大的成绩！”

5月31日上午，市食安办组织相关的6个部门开展食品安全突发事件应急演练。

6月5日，台州市食品生产加工小作坊规范提升现场会在温岭召开。

6月6日，台州市大中型商超规范化建设现场推进会在温岭召开。

8月8日，温岭市人民政府发文，调整市政府工作分工，由市委常委、副市长蓝景芬负责食品安全工作。

8月21日，市食品安全委员会成立市食品安全专家委员会。专家委员会设主任委员1名，副主任委员7名，委员29名。

图书在版编目（CIP）数据

食安温岭 / 《食安温岭》编辑委员会编. —杭州：浙江工商大学出版社，2018.9
ISBN 978-7-5178-2887-7

Ⅰ. ①食… Ⅱ. ①食… Ⅲ. ①食品安全－概况－温岭 Ⅳ. ①TS201.6

中国版本图书馆CIP数据核字(2018)第180305号

食安温岭

《食安温岭》编辑委员会 编

出 品 人 鲍观明
责任编辑 费一琛 沈 娴
封面设计 叶一鸣
责任印制 包建辉
出版发行 浙江工商大学出版社
（杭州市教工路198号 邮政编码 310012）
（E-mail：zjgsupress@163.com）
（网址：http：//www.zjgsupress.com）
电话：0571-88904980，88831806（传真）
排 版 温岭日报有限公司
印 刷 东阳日报有限公司
开 本 889mm×1194mm 1/16
印 张 5
字 数 178千
版 印 次 2018年9月第1版 2018年9月第1次印刷
书 号 978-7-5178-2887-7
定 价 28.00元

浙江工商大学出版社营销部邮购电话 0571-88904970